Christian Schlieder

Autodesk® AutoCAD® 2015
Grundlagen in Theorie und Praxis

Viele praktische Übungen am Planbeispiel
„Digitale Fabrikplanung"

Christian Schlieder

Autodesk® AutoCAD® 2015
Grundlagen in Theorie und Praxis

Viele praktische Übungen am Planbeispiel
„Digitale Fabrikplanung"

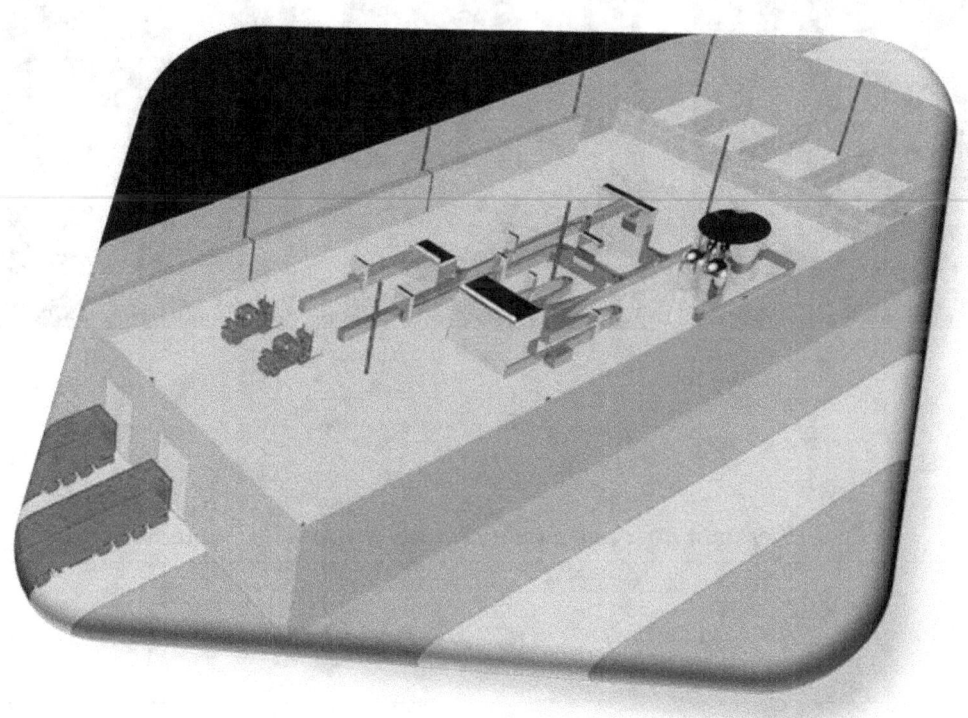

Weiterführende Literatur

Eine Übersicht über alle Bücher finden Sie im Internet unter:

http://www.cad-trainings.de/html/Literatur.html

Autodesk
Authorised Author

Alle im Buch enthaltenen Informationen wurden nach bestem Wissen und Gewissen geprüft. Da Fehler nicht ausgeschlossen werden können, übernehmen Autor und Verlag weder Verantwortungen, Verpflichtungen oder Garantien jeglicher Art, noch Haftung für die Benutzung der bereitgestellten Informationen.

Autor und Verlag übernehmen keine Gewähr dafür, dass die beschriebenen Vorgehensweisen oder Verfahren frei von Rechten Dritter sind.

Das Werk ist urheberrechtlich geschützt. Übersetzung, Nachdruck, Vervielfältigung, sonstige Verarbeitung des Buches oder von Teilen daraus sind ohne Genehmigung des Autors nicht erlaubt.

Autodesk® AutoCAD® 2015 ist ein eingetragenes Markenzeichen von Autodesk, Inc. und/ oder seiner Tochtergesellschaften und/oder der Tochterunternehmen in den USA und anderen Ländern.

© 2015 Christian Schlieder

ISBN

978-3-7347-7475-1

IMPRESSUM

Dipl.- Ing. Christian Schlieder
www.cad-trainings.de
Fax: +49 (0) 3212 - 1122290

HERSTELLUNG UND VERLAG

BoD - Books on Demand, Norderstedt
www.BoD.de

INHALTSVERZEICHNIS

1	**EINLEITUNG**	**5**
1.1	Zielsetzung	5
1.2	Übungsordner und Übungsdateien	5
1.2.1	Erzeugen Sie auf Ihrem PC einen Übungsordner	5
1.2.2	Download der zum Buch gehörenden Übungsdateien	6
1.2.3	Verwendete Abkürzungen	6
2	**RANDBEDINGUNGEN DEFINIEREN**	**7**
2.1	Randbedingungen des Planungsbeispiels	7
2.2	Produktbetrachtung	7
2.2.1	Quellwasser	8
2.2.2	Glasflaschen	8
2.2.3	Kunststoffkästen	8
2.2.4	Paletten	9
2.3	Einteilung der Bereiche	9
2.4	Betriebsmittel	9
2.4.1	Maschinen und Anlagen der Produktionslinie	9
2.4.2	Lagerbereiche	15
2.4.3	Sozialtrakt	16
2.4.4	Gesamtbedarf für das Fabrikgelände	16
3	**GRUNDLAGEN ZUM PROGRAMM**	**17**
3.1	Startbildschirm	17
3.2	Erstellen einer neuen Datei aus einer vorhandenen Vorlage	17
3.3	Benutzeroberfläche	18
3.3.1	Menüleiste	18

3.3.2	Oberer Werkzeugkasten (Schnellzugriff-Werkzeugkasten)	18
3.3.3	Befehlsgruppen	19
3.3.4	Protokoll- und Befehlseingabefenster	19
3.3.5	Modell- und Papierbereich	19

4	**FABRIKPLANUNG IM 2D-MODELLBEREICH**	**21**
4.1	**Optimieren einiger Programmeinstellungen**	**21**
4.2	**Die Flaschen zeichnen**	**22**
4.2.1	Der neue Layer: Flasche	22
4.3	**Die Flaschenkästen zeichnen**	**23**
4.3.1	Der neue Layer: Flaschenkasten	23
4.3.2	Den Kastenrahmen zeichnen	24
4.3.3	Die Innenwände zeichnen	25
4.3.4	Erzeugen weiterer Flaschen	26
4.3.5	Löschen der Kreise und des Layers	27
4.4	**Die Paletten zeichnen**	**28**
4.4.1	Speichern der neuen Zeichnung	28
4.4.2	Die vorhandenen Kästen rechteckig anordnen	28
4.4.3	Der neue Layer: Palette	29
4.4.4	Zeichnen der Palettenkonturen	30
4.5	**Die Konstruktion der ersten Maschine**	**31**
4.5.1	Erzeugen einer neuen Zeichnung	31
4.5.2	Der neue Layer: Kästen_von_Palette_heben	32
4.5.3	Zeichnen der Maschine	32
4.5.4	Einfügen eines Blocks in die Zeichnung (Palette_Voll)	33
4.5.5	Verschieben der Palette	33
4.5.6	Die Palette um 90 Grad drehen	34
4.5.7	Einen weiteren Block in die Zeichnung einfügen (Palette_Leer)	35
4.5.8	Verschieben der Palette	35
4.5.9	Einen weiteren Block in die Zeichnung einfügen (Kasten_Voll)	36
4.5.10	Kopieren eines Blocks (Kasten_Voll)	37
4.5.11	Markieren der Transportband-Laufrichtung	38
4.5.12	Beschriften der Maschine	39

4.6	**Die Produktionslinie**	**39**
4.6.1	Erzeugen einer neuen Zeichnung	39
4.6.2	Die Maschinen der Produktionslinie importieren	40
4.6.3	Aktivierung des Layers: Transportsysteme	42
4.6.4	Das Kastentransportsystem	43
4.6.5	Bearbeiten und Versetzen der Polylinie	44
4.6.6	Kastenwaschmaschine mit Kastenspeicher verbinden	45
4.6.7	Kastenspeicher mit Flaschenheber verbinden	46
4.6.8	Flaschenheber mit Kastenheber verbinden	47
4.6.9	Berechnung des Platzbedarfes vom Produktionsbereich	48
4.7	**Die Produktionshalle**	**49**
4.7.1	Erzeugen einer neuen Zeichnung	49
4.7.2	Der neue Layer: Fabrikhalle	50
4.7.3	Produktions- und Logistikbereiche abgrenzen	50
4.7.4	Wareneingang, Warenausgang und Sozialtrakt abgrenzen	51
4.7.5	Die Hallenpfeiler zeichnen und rechteckig anordnen	51
4.7.6	Kennzeichnen der Hallenpfeilerstrukturen	52
4.7.7	Zeichnen der Wände	53
4.7.8	Der neue Layer: Regalsysteme	55
4.7.9	Zeichnen der Regale mit einer Polylinie	55
4.7.10	Setzen geometrischer Formabhängigkeiten	56
4.7.11	Setzen parametrischer Bemaßungsabhängigkeiten	57
4.7.12	Bearbeiten der parametrischen Maße mit dem Parameter-Manager	58
4.7.13	Positionieren und Anordnen der Regale	59
4.8	**Der Außenbereich**	**62**
4.8.1	Der neue Layer: Außenbereich	62
4.8.2	Der LKW-Anlieferbereich	62
4.8.3	Die PKW-Parkplätze	64
4.8.4	Die Hauptstraße	66
4.8.5	LKW- und PKW-Bereiche mit der Hauptstraße verbinden	67
4.8.6	Die Wasserspeicher	69
4.8.7	Bereinigen der Zeichnung	69
4.9	**Das gesamte Fabrikgelände**	**71**
4.9.1	Erzeugen einer neuen Zeichnung	71
4.9.2	Einfügen der Produktionslinie als Referenz	71

	4.9.3	Bearbeiten einer Referenz innerhalb der Gesamtzeichnung	73
	4.9.4	Importieren weiterer Referenzen	74

5 DAS PROJEKT FÜR DEN DRUCK VORBEREITEN 76

5.1 Allgemeine Grundeinstellungen 76

	5.1.1	Der Seiteneinrichtungs-Manager	76
	5.1.2	Das Ansichtsfenster proportionieren	77
	5.1.3	Der neue Layer: Beschriftung	79
	5.1.4	Vervollständigen des Schriftfeldes	79
	5.1.5	Beschriften der Arbeitsbereiche	80
	5.1.6	Bemaßen geometrischer Objekte	81
	5.1.7	Hinzufügen von Führungslinien	83
	5.1.8	Einfügen einer Tabelle	85
	5.1.9	Konvertieren der Zeichnung in das Format PDF	87

6 FABRIKPLANUNG IM 3D-MODELLBEREICH 88

6.1 Visualisierung der Produktionslinie 88

	6.1.1	Erzeugen einer neuen Zeichnung	88
	6.1.2	Platzieren der Basiszeichnung	88
	6.1.3	Der neue Layer: 3D-Maschinen	89
	6.1.4	Quadratische Objekte	89
	6.1.5	Zylindrische Objekte	91
	6.1.6	Kegelförmige Objekte	92
	6.1.7	Kugelförmige Objekte	93
	6.1.8	Bearbeiten vorhandener 3D-Objekte	94
	6.1.9	Importieren des Transportsystems und der Fabrikhalle	96
	6.1.10	Bearbeiten einer Referenz	97
	6.1.11	Extrudieren geschlossener 2D-Objekte	97
	6.1.12	Rotieren geschlossener 2D-Objekte	98
	6.1.13	Erstellen von Polykörpern	99
	6.1.14	Bearbeiten des Polykörpers	101
	6.1.15	Importieren des Fuhrparks	103
	6.1.16	Rendern eines Bildes	104

7 SCHLUSSWORT 106

1 Einleitung

1.1 Zielsetzung

Dieses Buch richtet sich an alle interessierten Personen jeglicher fachlicher Bereiche. Es ist logisch aufgebaut und versucht, dem Leser anhand eines komplexen Übungsbeispiels das Programm **Autodesk® AutoCAD® 2015** näherzubringen. In kleinen Abschnitten lernt der Leser verschiedene Vorgehensweisen und Befehle kennen und setzt diese praktisch um.

Sobald die benötigten Übungsdateien heruntergeladen und gespeichert wurden, werden alle Randbedingungen des jeweiligen Übungsbeispiels erläutert: Die Programmgrundlagen (Programmoberfläche, Hauptmenü, Menüleiste, Werkzeugkästen, Multifunktionsleisten, Protokoll- und Befehlseingabebereich, Modell- und Layoutbereich) werden dargestellt, und das Projekt wird in den druckfähigen Papierbereich übertragen.

Die Arbeitsweise findet analog zum Programmaufbau statt. Die Befehle werden den einzelnen Registern und Befehlsgruppen zugeordnet, deren Bedeutung und Eigenschaften erläutert und anschließend praktisch ins Übungsprojekt übertragen. Nach Fertigstellung des 2D-Modells wird das Projekt für den Druck aufbereitet (Layoutbereich).

Im letzten Teil des Buches sollen die Möglichkeiten der Modellierung im plastischen Bereich aufgezeigt werden. Die Zeichnungsdaten aus dem 2D-Bereich werden mit Hilfe verschiedener Befehle aus dem 3D-Bereich in Volumenkörper konvertiert.

1.2 Übungsordner und Übungsdateien
1.2.1 Erzeugen Sie auf Ihrem PC einen Übungsordner

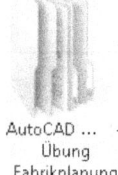

AutoCAD ... –
Übung
Fabrikplanung

Um die Übungen in diesem Buch durchführen zu können, benötigen Sie vorgefertigte Übungsdateien, welche Sie kostenlos von der Website des Autors herunterladen können.

Vorher sollten Sie auf Ihrem PC an geeigneter Stelle einen neuen Ordner mit der Bezeichnung **AutoCAD 2015 – Übung Fabrikplanung** erzeugen. Dieser Ordner wird als Projektordner dienen.

1.2.2 Download der zum Buch gehörenden Übungsdateien

Um die Übungen aus diesem Buch durchführen zu können, benötigen Sie Übungsdateien, die Sie von der folgenden Website kostenlos herunterladen können.

http://www.cad-trainings.de

Wählen Sie im Register **Download** das entsprechende Buch und klicken Sie auf den rechts daneben stehenden Link **Download der Übungsdateien**.

Speichern Sie die Datei im Projektordner **AutoCAD 2015 – Übung Fabrikplanung** und entpacken Sie diese darin. Es handelt sich um eine ZIP-Datei, die mit dem kostenlosen Programm **WINZIP** entpackt werden kann. Den Link zu diesem Programm finden Sie ebenfalls auf der Website des Autors (Register **Download**, oben).

Der neu entpackte Ordner enthält verschiedene Dateien, die in den folgenden Übungen verwendet werden sollen.

1.2.3 Verwendete Abkürzungen

In diesem Buch werden die folgenden Abkürzungen verwendet:

- **BG**   Befehlsgruppe
- **BM**   Betriebsmittel
- **ENTF**   Entfernen-Taste
- **ESC**   Escape-Taste
- **ggf.**   gegebenenfalls
- **TAB**   Tabulator-Taste

- **TM**   Transportmittel
- **UZS**   Uhrzeigersinn
- **WA**   Warenausgang
- **WE**   Wareneingang
- **z. B.**   zum Beispiel

2 Randbedingungen definieren

2.1 Randbedingungen des Planungsbeispiels

Grundlegend sind bei der Planung einer Fabrik folgende Randbedingungen zu beachten:

- Produktbeschaffenheit
- Benötigte Betriebsmittel
- Benötigte Transportmittel
- Lagerbereiche
- Sozialtrakt für die Mitarbeiter
- Hallenaufbau
- Außenbereich (Grundstück)
- Qualitätssicherungsmaßnahmen
- Material- und Personalfluss
- Energie- und Informationsfluss
- Kosten- und Personalanalyse
- Anforderungen an den Standort
- Gesetzliche Bestimmungen

Die Fabrikplanung im vorliegenden Übungsbeispiel wird sich auf die zeichnerische Umsetzung mit dem Programm **Autodesk® AutoCAD® 2015** beschränken. Eine Betrachtung der Qualitätssicherung, der Material-, Personal-, Energie- und Informationsflüsse sowie der Kosten- und Personalanalyse ist nicht notwendig. Lediglich die folgenden Bereiche sind von Bedeutung:

- Produktbeschaffenheit
- Benötigte Betriebsmittel
- Benötigte Transportmittel
- Lagerbereiche
- Sozialtrakt für die Mitarbeiter
- Hallenaufbau
- Außenbereich (Grundstück)

2.2 Produktbetrachtung

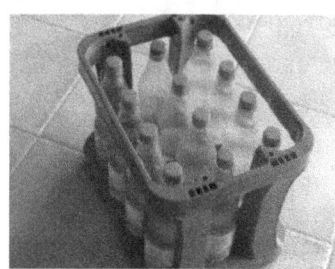

Das eigentliche Produkt des Planungsbeispiels ist reines Quellwasser, dass aus einer naheliegenden Quelle zum Fabrikgelände gepumpt und dort in Glasflaschen abgefüllt werden soll. Diese werden in Kunststoffkästen gesetzt und anschließend auf Europaletten gestapelt. Leere Flaschen in Kästen werden als Leergut auf Europaletten angeliefert und müssen vor der Wiederbefüllung gereinigt werden.

2.2.1 Quellwasser

Abmessungen:
- Keine

Anlieferung:
- Wasser wird zum Fabrikgelände gepumpt

Bearbeitung:
- Quellwasser in Wasserspeicher zwischenlagern

2.2.2 Glasflaschen

Abmessungen:
- Durchmesser x Höhe: 100 x 300 mm

Anlieferung:
- Flaschen befinden sich in Kunststoffkästen
- Schraubverschlüsse wurden bereits entfernt
- Flaschen verschmutzt (innen und außen)

Bearbeitung:
- Flaschen aus Kästen heben
- Flaschen auf gefährliche Verunreinigungen (Gifte), enthaltene Feststoffe und Beschädigungen prüfen, ggf. aussortieren
- Flaschen reinigen (Laugenbad mit anschließender Wasserspülung)
- Flaschen erneut prüfen
- Flaschen füllen, verschließen und etikettieren
- Flaschen zwischenspeichern

2.2.3 Kunststoffkästen

Abmessungen:
- Länge x Breite x Höhe: 400 x 300 x 320 mm

Anlieferung:
- Kästen verschmutzt
- Kästen befinden sich auf Europalette

Bearbeitung:
- Kästen von Paletten heben
- Flaschen aus Kästen heben
- Kästen reinigen
- Kästen zwischenspeichern

2.2.4 Paletten

Abmessungen:
- Länge x Breite x Höhe: 1200 x 800 x 144 mm

Anlieferung:
- Paletten mit Leergut werden auf LKW angeliefert

Bearbeitung:
- Kästen und Flaschen von Palette heben
- Paletten zwischenspeichern

2.3 Einteilung der Bereiche

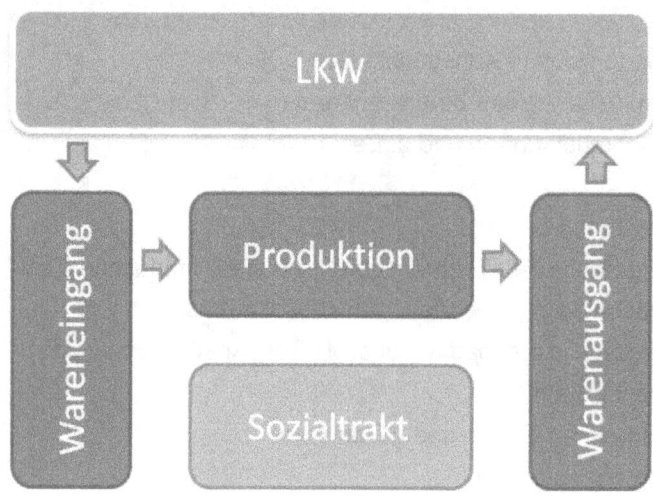

Grundlegend verläuft der Materialfluss vom LKW über den Wareneingang im Lager, die Produktion, den Warenausgang im Lager und wieder zurück zum LKW.

Maßgeblich für die Planung der notwendigen Größe der Fabrikhalle ist die Produktionslinie. Sie bestimmt neben der benötigten Hallengröße auch die Anordnung der einzelnen Bereiche innerhalb der Halle.

2.4 Betriebsmittel
2.4.1 Maschinen und Anlagen der Produktionslinie

Der Produktionsbereich wird Form und Aufbau der Fabrikhalle und des Außengeländes bestimmen. Aufbau, Größe und Form der Produktionslinie werden durch die erforderlichen Betriebsmittel beeinflusst. Eine Produktionsanlage benötigt an Betriebsmitteln: Anlagen, Maschinen und sonstige Geräte.

Da sich dieses Übungsbuch allein auf die zeichnerische Umsetzung der Fabrikplanung konzentriert, sollten die folgenden Betriebsmittel betrachtet werden:

- Betriebsmittel -

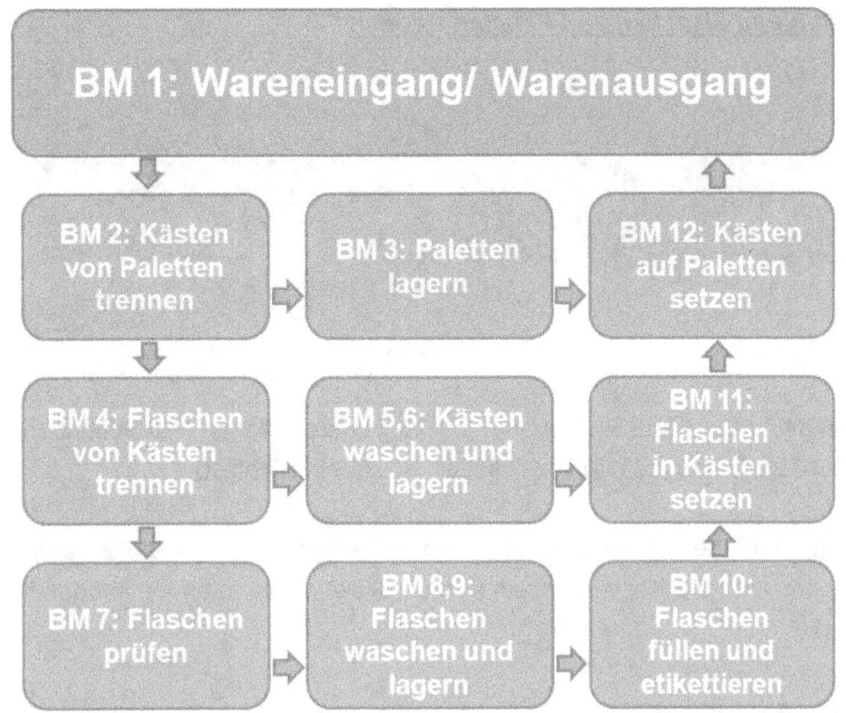

- **BM 1**: Transport der Paletten (LKW ↔ Lager ↔ Produktionslinie)
- **BM 2**: Kästen (gefüllt) von Paletten trennen
- **BM 3**: Paletten zwischenlagern
- **BM 4**: Flaschen von Kästen trennen
- **BM 5**: Kästen reinigen
- **BM 6**: Kästen zwischenlagern
- **BM 7**: Flaschen prüfen
- **BM 8**: Flaschen zwischenlagern
- **BM 9**: Flaschen reinigen
- **BM 10**: Flaschen füllen, schließen und etikettieren
- **BM 11**: Flaschen in Kästen setzen
- **BM 12**: Kästen (gefüllt) auf Paletten heben

BM 1: Transport der Paletten (LKW ↔ Lager ↔ Produktionslinie)

Be- und Entladen des LKWs durch einen handelsüblichen Gabelstapler. Der LKW wird entladen, das Leergut ins Lager bzw. direkt zur Produktionslinie gebracht, wobei die Paletten vom Stapler direkt auf die Transportbänder gesetzt werden. Im Lagerbereich stehen Regalsysteme zur Aufnahme von Paletten und Leergut zur Verfügung.

BM 2: Kästen und Flaschen von Paletten trennen

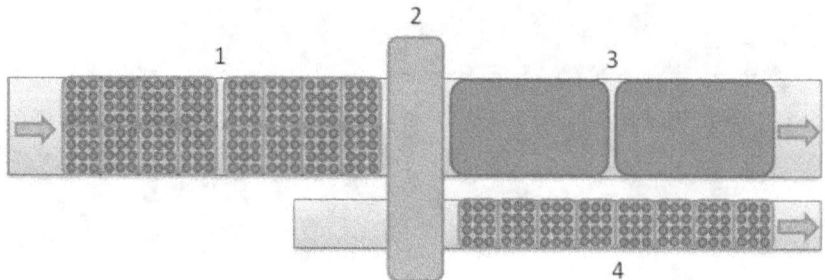

1. Paletten mit Leergut (auf Rollenband)
2. Roboter hebt Kästen (gefüllt) von Palette
3. Leere Paletten (auf Rollenband)
4. Kästen (gefüllt)

Die Paletten samt Leergut werden auf einem Rollenband (1) zum **BM 2** transportiert. Hier hebt ein Roboter (2) die Kästen einzeln von der Palette und setzt sie auf das Kastentransportband (4).

BM 3: Paletten zwischenlagern

Die leeren Paletten fahren weiter auf dem Rollenband in einen Palettenspeicher (**BM 3**). Dieser stapelt die Paletten übereinander und gibt sie bei Bedarf wieder ins System zurück.

BM 4: Flaschen von Kästen trennen

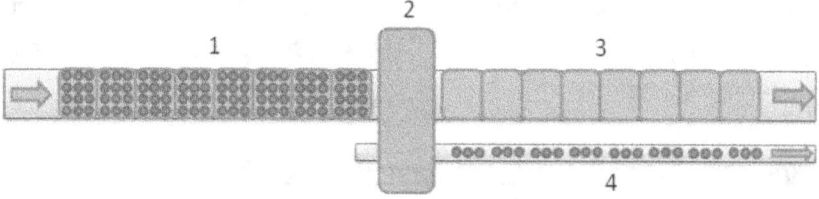

1. Kästen (gefüllt)
2. Roboter hebt Flaschen aus Kästen
3. Kästen (leer)
4. Flaschen

Die Kästen (gefüllt) werden auf Transportbändern (1) zum **BM 4** transportiert. Hier hebt ein Roboter (2) die Flaschen (drei Flaschen je Hub) aus dem Kasten und setzt sie auf das Flaschentransportband (4). Die leeren Kästen fahren weiter auf dem Kastentransportband in Richtung Kastenwaschmaschine (3).

BM 5: Kästen reinigen

1. Kästen (ungereinigt)
2. Kastenwaschmaschine
3. Kästen (gereinigt)

Die Kästen werden auf dem Kastentransportband angeliefert und fahren durch eine Kastenwaschmaschine (**BM 5**). Bei langsamer Fahrt werden diese darin gewaschen.

BM 6: Kästen zwischenlagern

Die leeren, gereinigten Kästen fahren weiter auf dem Kastentransportband in einen Kastenspeicher (**BM 6**). Dieser stapelt die Kästen aufeinander und gibt sie bei Bedarf wieder ins System zurück.

BM 7: Flaschen prüfen

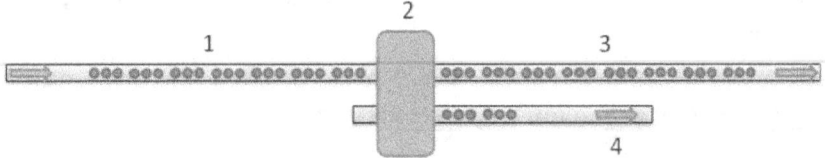

1. Flaschen vor Prüfung
2. Flaschenprüfmaschine
3. Flaschen nach Prüfung
4. Aussortierte Flaschen

Die Flaschen werden auf Transportbändern (1) zum **BM 7** transportiert. Hier werden Sie mit einer Flaschenprüfmaschine (2) auf Beschädigungen, gefährliche Inhaltsstoffe und Festkörper untersucht. Betroffene Flaschen werden aussortiert (4), alle anderen weitertransportiert (3). Das Prüfen der Flaschen erfolgt jeweils vor und nach der Flaschenreinigung, wofür zwei identische Maschinen vorgesehen sind.

BM 8: Flaschen zwischenlagern

Die Flaschen werden auf Transportbändern zu einem Speichertisch (**BM 8**) transportiert. Dieser verbreitert den Transportweg, ordnet die Flaschen nebeneinander an und kann dadurch eine große Anzahl an Flaschen speichern. Defekte Flaschen, die vorher aussortiert wurden, können hier durch neue ersetzt werden. Das gesamte System verfügt über insgesamt zwei Speichertische, einen vor und einen nach der Flaschenreinigung.

BM 9: Flaschen reinigen

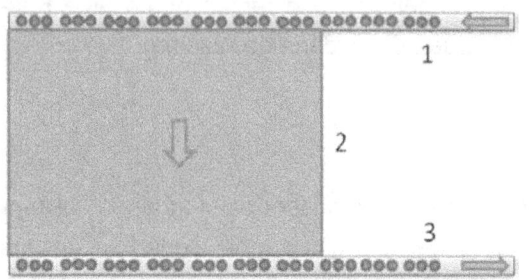

1. Flaschen vor Reinigung
2. Flaschenwaschmaschine
3. Flaschen nach Reinigung

Die Flaschen werden auf Transportbändern angeliefert (1) und in die Flaschenwaschmaschine (**BM 9**) transportiert (2). Dort werden die Flaschen in mehreren aufeinanderfolgenden Lauge- und Wasserbädern gereinigt. Die sauberen Flaschen verlassen die Waschmaschine auf einem Transportband (3).

BM 10: Flaschen füllen, schließen, etikettieren

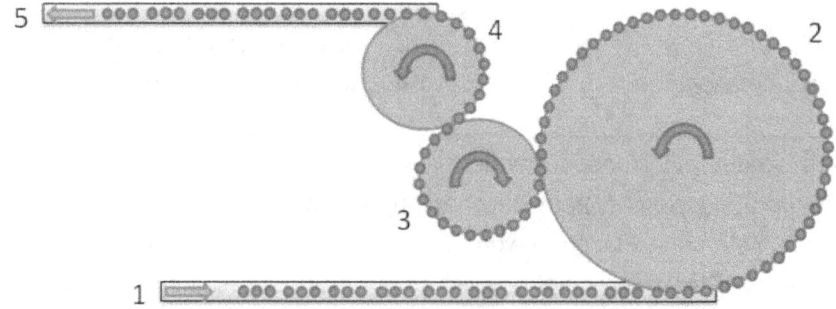

1. Zufuhr der gereinigten Flaschen
2. Flaschen mit Quellwasser füllen (Füller)
3. Flaschen verschließen (Schließer)
4. Flaschen etikettieren (Etikettierer)
5. Abtransport der Flaschen

Die Flaschen werden auf Transportbändern angeliefert (1), von einer Greifvorrichtung erfasst und in den Füller gehoben. Hier werden sie mit Quellwasser gefüllt, anschließend verschlossen und etikettiert. Die gesamte Einheit besteht aus Füller (2), Schließer (3) und Etikettierer (4) und ist ein zusammenhängendes Aggregat (**BM 10**). Die Flaschen werden danach wieder auf Transportbänder gesetzt und abtransportiert (5).

BM 11: Flaschen in Kästen setzen

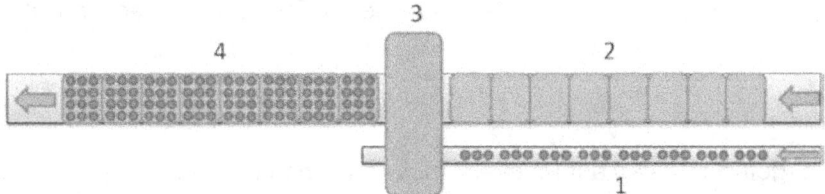

1. Flaschen (einzeln)
2. Kästen (leer)
3. Roboter hebt Flaschen in Kästen
4. Kästen (gefüllt)

Flaschen (1) und Kästen (2) werden auf den jeweiligen Transportbändern zum **BM 11** transportiert. Hier greift ein Roboter (3) die Flaschen und setzt sie (drei je Hub) in die Kästen.

BM 12: Kästen (gefüllt) auf Paletten heben

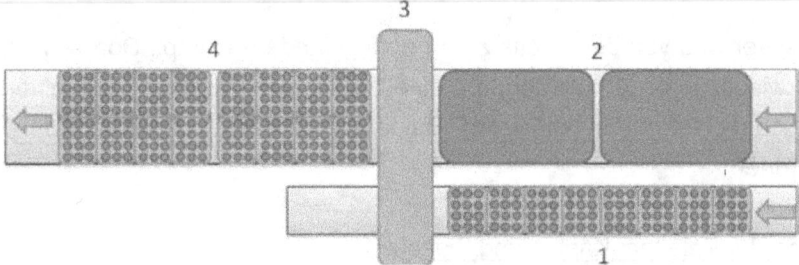

1. Kästen (gefüllt)
2. Paletten (leer)
3. Roboter hebt Kästen auf Paletten
4. Paletten mit Kästen (gefüllt)

Kästen (1) und Paletten (2) werden auf den jeweiligen Transportbändern zum **BM 12** transportiert. Hier greift ein Roboter (3) die Kästen und setzt sie (ein Kasten je Hub) auf eine Palette.

2.4.2 Lagerbereiche

Die benötigten Lagerbereiche ergeben sich aus den Anforderungen der Produktionslinie.

Leergut:

Das Leergut (gefüllte Kästen auf Paletten) muss zwischen der Entladung der LKWs und der Beladung der Produktionslinie zwischengelagert werden. Hierfür werden Regalsysteme mit entsprechender Lagerkapazität benötigt.

Ersatzmaterial:

Beschädigte Paletten, Kästen und Flaschen müssen ersetzt werden. Die Lagerung der hierfür benötigten Ersatzmaterialien erfolgt in Regalsystemen im Lagerbereich.

Quellwasser:

Das Quellwasser wird von der Quelle zum Fabrikgelände gepumpt. Dort soll es in zwei großen Tanks zwischengelagert werden, um eine Qualitätsüberwachung und einen reibungslosen Produktionsablauf zu gewährleisten. Beide Tanks werden außerhalb der Produktionshalle angeordnet.

Pufferspeicher für Paletten, Kästen und Flaschen:

Eine Produktionslinie benötigt aufgrund der unterschiedlichen Arbeitsgeschwindigkeiten der enthaltenen Betriebsmittel verschiedene Zwischenspeicher (Puffer). Sie sollen Störungen in der Produktion ausgleichen und einen konstanten Produktionsablauf gewährleisten. Paletten und Kästen werden platzsparend aufeinandergestapelt, Flaschen auf Speichertischen nebeneinander angeordnet.

2.4.3 Sozialtrakt

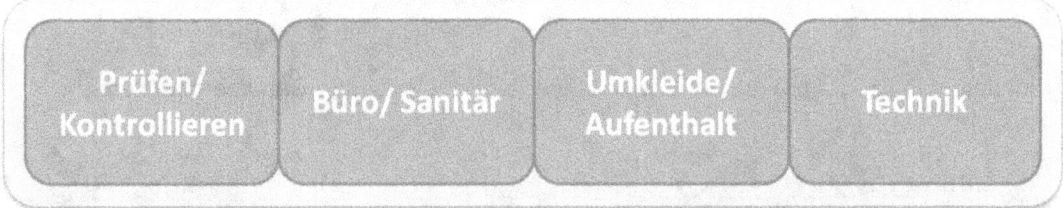

Der Sozialtrakt kann in einem Komplex zusammengefasst und innerhalb der Fabrikhalle angeordnet werden. Die folgenden Bereiche werden benötigt:

- Prüf- und Kontrollbereich
- Büro- und Sanitärbereich
- Umkleide- und Aufenthaltsbereich
- Technik

2.4.4 Gesamtbedarf für das Fabrikgelände

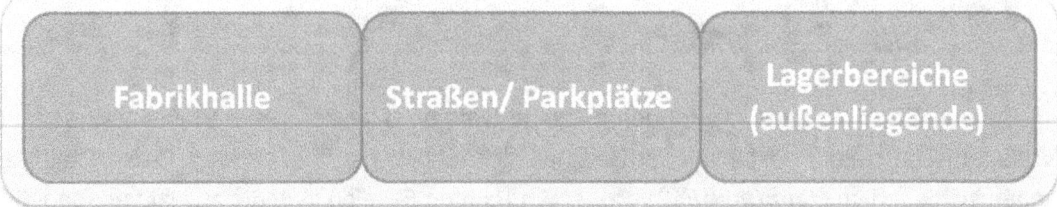

Der gesamte Platzbedarf für das Fabrikgelände wird durch die folgenden Bereiche definiert:

- Fabrikhalle (Produktion, Sozialtrakt)
- Straßen/ Parkplätze (LKW und PKW)
- Lagerbereiche (Regalsysteme, Wassertanks)

Das nächste Kapitel soll einen kurzen Einblick in den Programmaufbau und die Benutzeroberfläche von *Autodesk® AutoCAD® 2015* bieten.

HINWEIS: *Sollten Sie das Programm noch nicht gestartet haben, holen Sie dies jetzt bitte nach.* !

3 Grundlagen zum Programm

3.1 Startbildschirm

Nachdem das Programm gestartet wurde, erscheint die folgende Benutzeroberfläche:

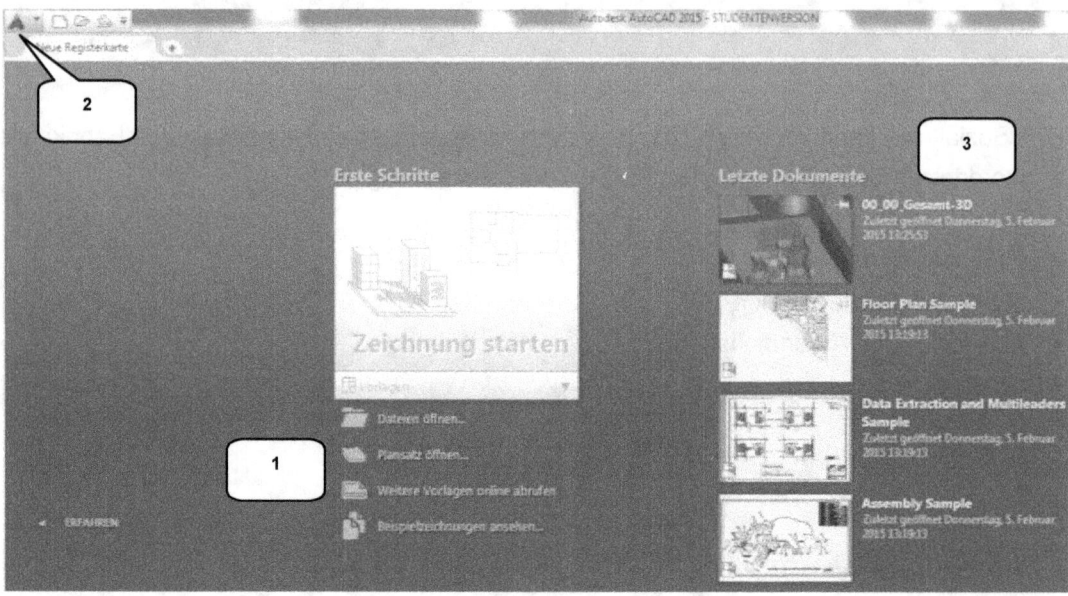

Im Bereich **Erste Schritte** (1) können einzelne Dateien oder komplexe Plansätze geöffnet, Vorlagen (Templates) gestartet oder Beispielzeichnungen geöffnet werden. Diese Optionen finden sich auch im **Hauptmenü** (2) wieder. Im rechten Bereich sind die zuletzt verwendeten **Dokumente** (3) zu finden.

3.2 Erstellen einer neuen Datei aus einer vorhandenen Vorlage

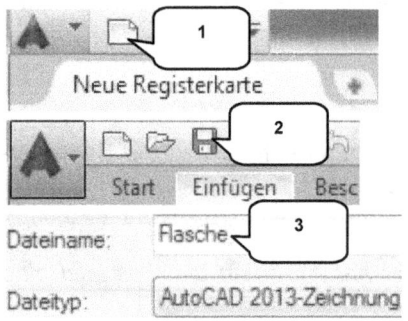

Starten Sie den Befehl **Neu** (1) und wählen Sie aus den vorhandenen Vorlagen die Vorlage **acadiso.dwt** aus. **Öffnen** bestätigt die Auswahl und erzeugt das neue Dokument. Sobald dieses geöffnet wurde, erscheinen weitere Befehle. Verwenden Sie den Befehl **Speichern** (2), um die neue Datei unter der Bezeichnung **Flasche** (3) und dem Dateityp ***.dwg** (im Ordner AutoCAD 2015 – Übung Fabrikplanung) zu speichern.

3.3 Benutzeroberfläche

Die Benutzeroberfläche kann in die folgenden Bereiche unterteilt werden:

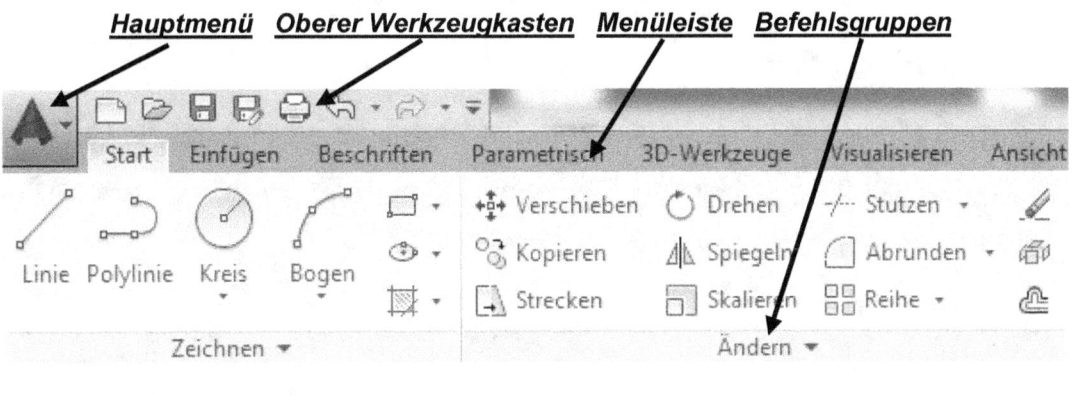

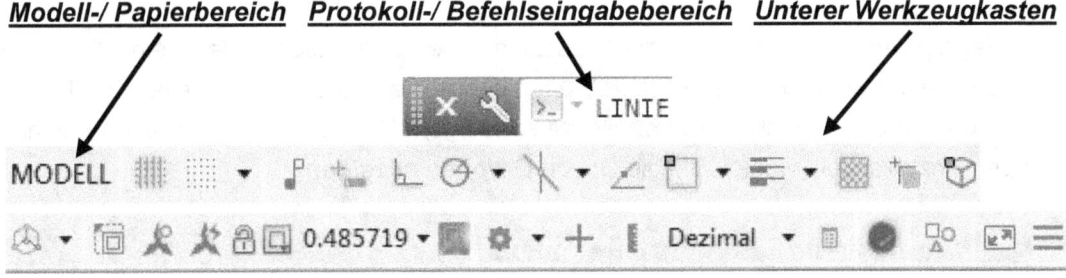

3.3.1 Menüleiste

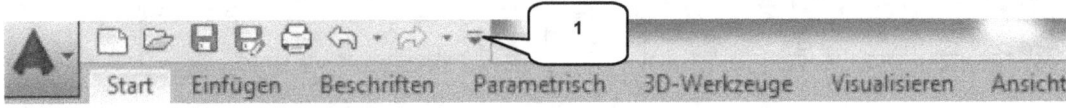

Die **Menüleiste** beinhaltet eine Übersicht aller Befehle nach der klassischen Programmanordnung. Um die Ansicht dieser Leiste zu aktivieren, klicken Sie auf das markierte Symbol (1) und wählen dort die Option **Menüleiste anzeigen**. Alle Befehle können auch über die Menüleiste gestartet werden.

3.3.2 Oberer Werkzeugkasten (Schnellzugriff-Werkzeugkasten)

Der **Schnellzugriff-Werkzeugkasten** enthält eine Auswahl häufig verwendeter Befehle und kann ebenfalls über den Button (1) bearbeitet werden. Um Befehle ein- oder auszublenden, muss der entsprechende Haken gesetzt oder entfernt werden. Die Befehle sind alternativ über das Hauptmenü oder die einzelnen Befehlsgruppen der Multifunktionsleisten zu öffnen.

3.3.3 Befehlsgruppen

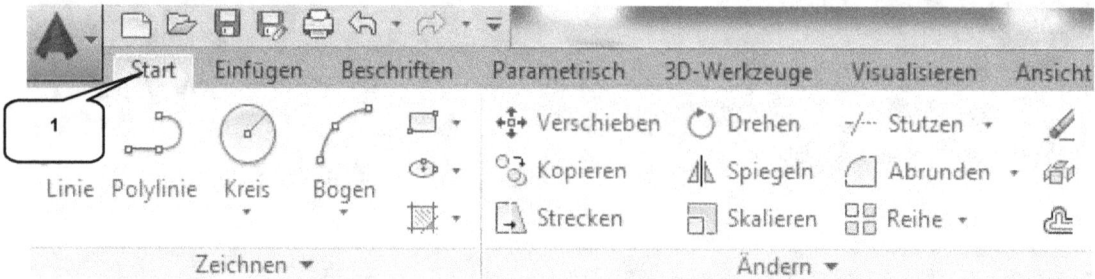

Befehlsgruppen (1) beinhalten logisch zusammengefasste Befehle. Jede einzelne kann ein- oder ausgeblendet werden. Klicken Sie mit der rechten Maustaste auf eines der Register und wählen Sie die Option **Registerkarten anzeigen**. Um die darin enthaltenen Befehlsgruppen einzublenden, wählen Sie die Option **Gruppen anzeigen**.

3.3.4 Protokoll- und Befehlseingabefenster

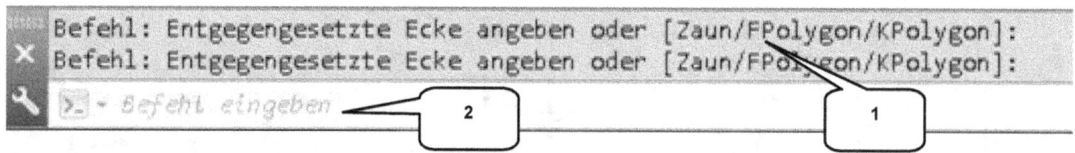

Das **Protokoll** (1) zeigt eine Übersicht der letzten Befehlseingaben. Im **Befehlseingabebereich** (2) können Werte und Tastaturbefehle eingegeben werden.

3.3.5 Modell- und Papierbereich

Modellbereich

Der **Modellbereich** ist der Konstruktions- und Zeichenbereich. Seine Darstellung kann mithilfe der folgenden Hilfsmittel gedreht, gezoomt, verschoben und beliebig ausgerichtet werden.

- Benutzeroberfläche -

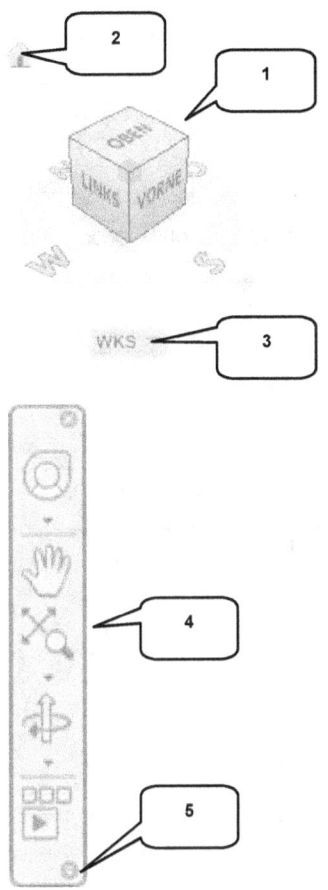

Der **ViewCube** (1) richtet die Ansicht im Modellbereich aus. Aktivieren Sie eine der Seiten des Würfels (Oben, Unten, Rechts, Links, Hinten, Vorne) oder drehen Sie den Würfel, indem Sie die Maus mit gedrückter linker Maustaste auf den Würfel bewegen (alternativ: **Taste: SHIFT +** mittlere Maustaste).

Mit einem Klick auf das kleine **Haus** (2) wird eine isometrische Ansicht eingestellt. Ein Klick auf das **WKS-Zeichen** (3) öffnet ein Auswahlfenster der vorhandenen Koordinatensysteme. Ein- und Ausschalten können Sie den ViewCube im Register **Ansicht > Fenster > Benutzeroberfläche**.

Die **Navigationsleiste** (4) beinhaltet eine Auswahl an Navigationswerkzeugen (Navigationsräder, Pan, Zoomfunktionen, Orbit-Versionen, ShowMotion).

Mit dem kleinen Button unten rechts in der Navigationsleiste (5) können die Navigationswerkzeuge ein-/ ausgeblendet und die Fixierungsposition der Navigationswerkzeuge im Modellbereich festgelegt werden.

Papierbereich

Zwischen **Modell- und Papierbereich** kann durch einen Klick auf den Button **Modell / Papier** (6) gewechselt werden. Im Papierbereich werden die im Modellbereich erzeugten Ergebnisse in ein druckfertiges Format konvertiert.

4 Fabrikplanung im 2D-Modellbereich

4.1 Optimieren einiger Programmeinstellungen

Nachdem eine neue Zeichnung erstellt wurde (Kapitel 3.2), sollten einige der Grundeinstellungen geändert werden. Dieser Schritt ist hilfreich, um die einzelnen Kapitel problemlos umsetzen zu können.

Bearbeiten Sie die **Fang- und Anzeigeoptionen** im unteren Bereich der Programmoberfläche und aktivieren Sie die folgenden Optionen:

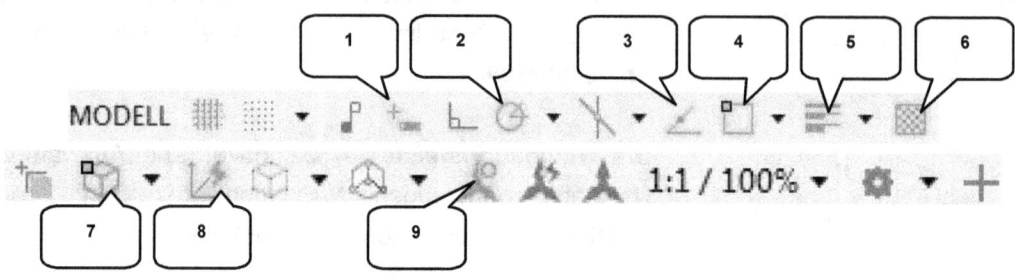

1) Dynamische Eingabe
2) Polare Spur
3) Objektfangspur
4) 2D-Objektfang
5) Linienstärken
6) Transparenz
7) 3D-Objektfang
8) Dynamisches BKS
9) Beschriftungsobjekte

Des Weiteren sollten die Einstellungen für den Objektfang kontrolliert werden. Hierfür ist mit der **rechten Maustaste** auf den **2D-Objektfang** (4) zu klicken. Wie in der linken Abbildung zu sehen ist, sollten alle Objektfang-Optionen aktiviert werden.

4.2 Die Flaschen zeichnen
4.2.1 Der neue Layer: Flasche

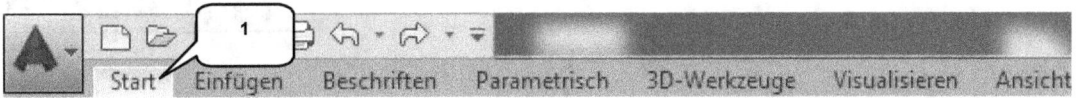

Öffnen Sie das Register **Start** und starten Sie den **Layereigenschaften-Manager**.

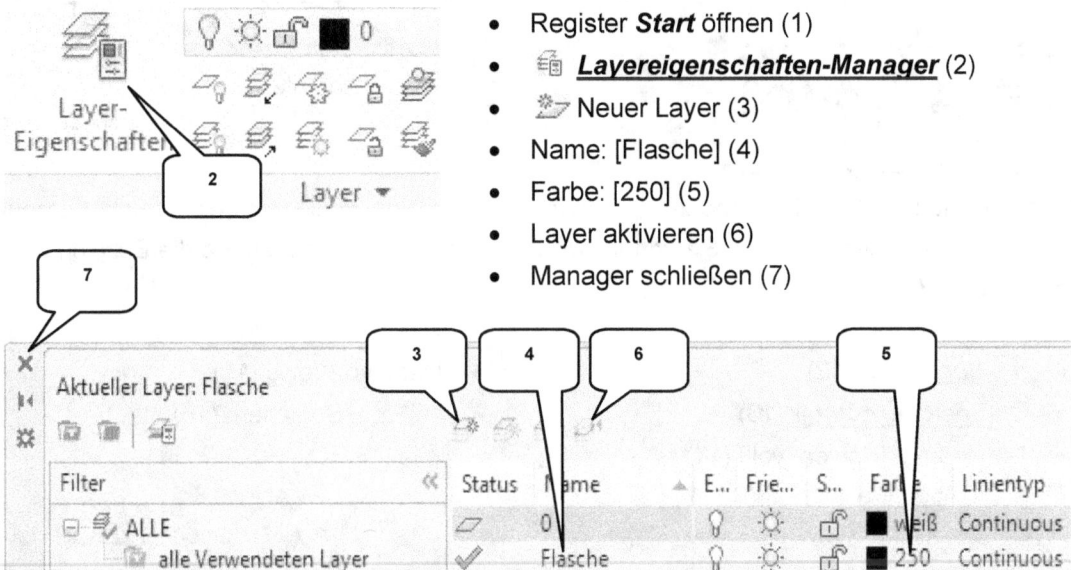

- Register **Start** öffnen (1)
- **Layereigenschaften-Manager** (2)
- Neuer Layer (3)
- Name: [Flasche] (4)
- Farbe: [250] (5)
- Layer aktivieren (6)
- Manager schließen (7)

HINWEIS: Wenn in diesem Buch rechteckige Klammern verwendet werden, bedeutet das eine Tastatureingabe im Programm (Eingabezeile). Tragen Sie dann bitte nur den in Klammern stehenden Wert ein (ohne die Klammern).

Das erste Zeichenelement soll ein einfacher Kreis sein. Dieser soll eine Getränkeflasche mit einem Radius von 50 mm in der Draufsicht darstellen. Kreismittelpunkt und Radius werden mittels dynamischer Werteeingabe per Tastatur definiert. Mit der **Taste: TAB** wechseln Sie zwischen den Eingabebereichen der Koordinaten (X, Y).

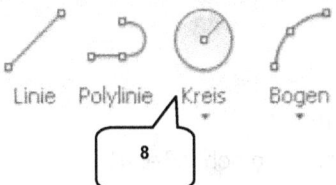

- **Kreis (Mittelpunkt, Radius)** (8)
- Startpunkt definieren: [0] > **Taste: TAB**
- [0] (9,10) > **Taste: ENTER**
- Wert für Radius angeben: [50] (11)
- **Taste: ENTER**

- Die Flaschenkästen zeichnen -

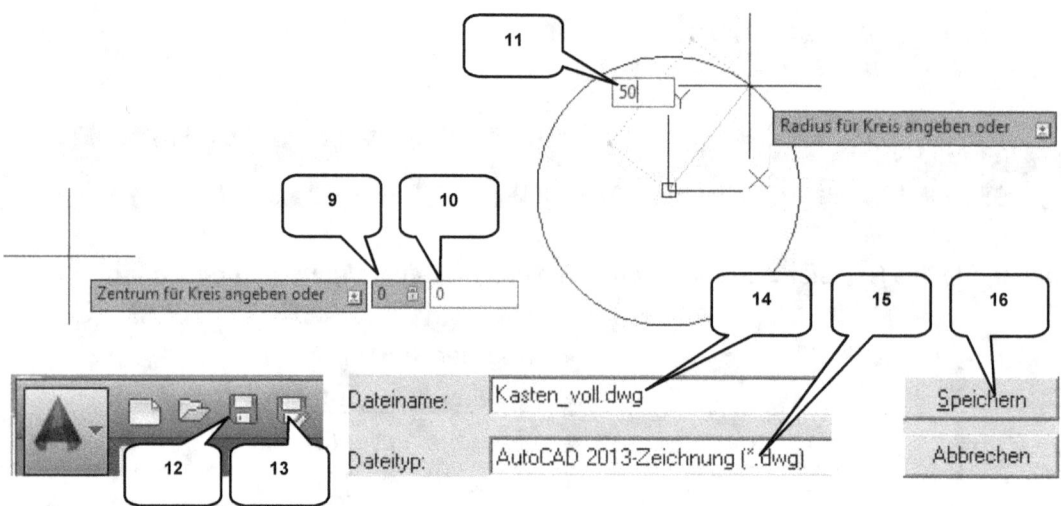

Die Zeichnung ist anschließend zu 🖫 *speichern*. Um eine Kopie der Zeichnung zu erzeugen, ist danach der Befehl 🗳 *Speichern unter* zu wählen. Verwenden Sie die Bezeichnung **Kasten_Voll**.

- 🖫 **Speichern** (12)
- 🗳 **Speichern unter** (13)
- Dateiname: [Kasten_voll] (14)

- Dateityp: *.dwg (15)
- Speichern (16)

4.3 Die Flaschenkästen zeichnen
4.3.1 Der neue Layer: Flaschenkasten

In der neuen Zeichnung (Kasten_Voll.dwg) wird ein weiterer Layer benötigt. Starten Sie den 🗐 **Layereigenschaften-Manager** und erzeugen Sie den Layer **Flaschenkasten**.

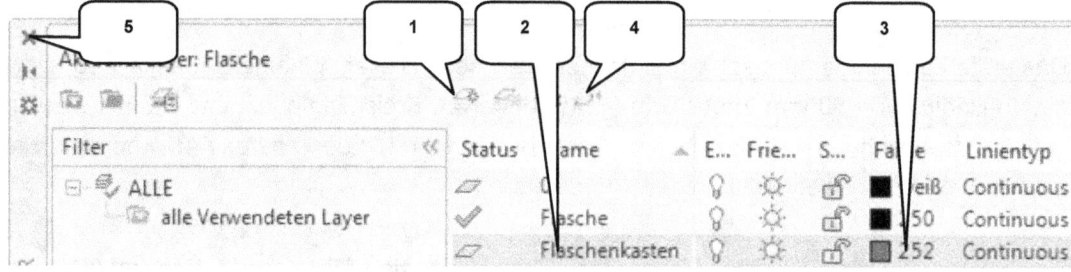

- 🗐 **Layereigenschaften-Manager**
- 🖉 Neuer Layer (1)
- Name: [Flaschenkasten] (2)

- Farbe: [252] (3)
- Layer aktivieren (4)
- Layereigenschaften schließen (5)

4.3.2 Den Kastenrahmen zeichnen

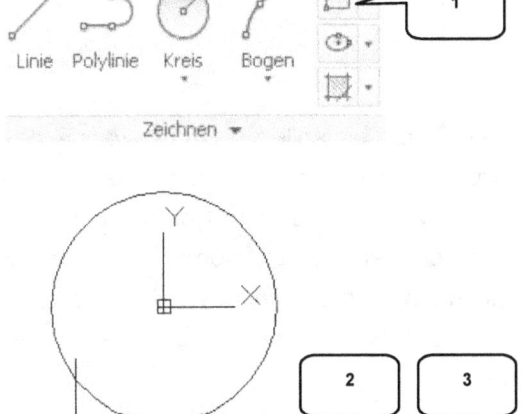

Der Flaschenkasten soll durch die Befehle ▭ **Rechteck** und ╱ **Linie** gezeichnet werden.

Ein Rechteck wird entweder durch die Angabe zweier Punktkoordinaten oder durch ein freies Setzen zweier Punkte mit der linken Maustaste definiert. Wir verwenden die Koordinateneingabe. Das erste Wertepaar legt die Position des Startpunkts fest, das zweite Länge und Breite des Rechtecks.

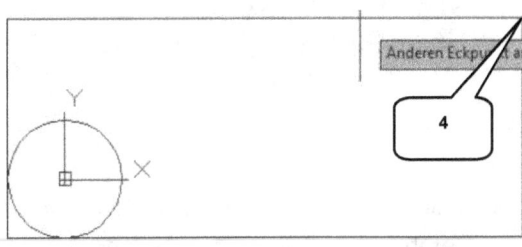

- ▭ **_Rechteck_** (1)
- Erster Punkt: [-50] > **Taste: TAB** > [-50] (2,3) > **Taste: ENTER**
- Zweiter Punkt (4): [400] > **Taste: TAB** > [300] > **Taste: ENTER**

Zeichnen Sie anschließend ein zweites Rechteck, um die Reihen des Kastens zu definieren.

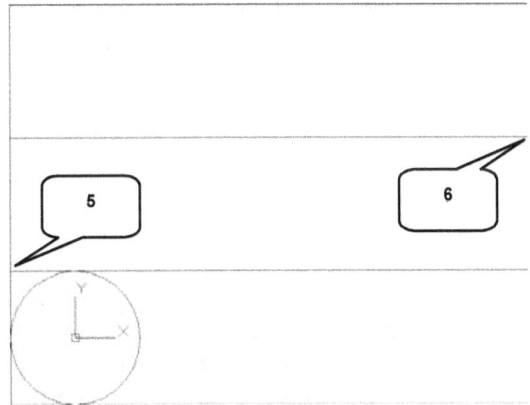

- ▭ **_Rechteck_** (1)
- Erster Punkt (5): [-50] > **Taste: TAB** > [50] > **Taste: ENTER**
- Zweiter Punkt (6): [400] > **Taste: TAB** > [100] > **Taste: ENTER**

4.3.3 Die Innenwände zeichnen

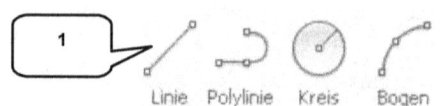

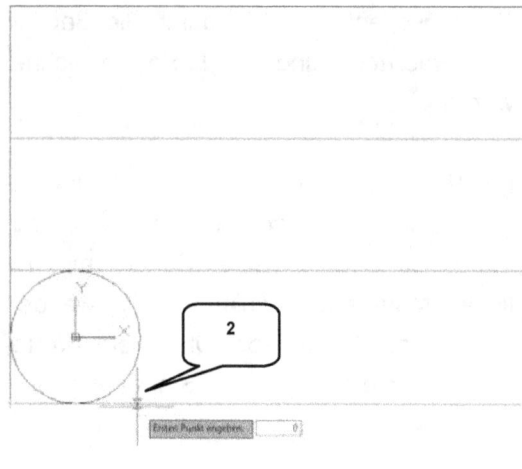

Drei **Linien** sollen die Innenwände des Wasserkastens kennzeichnen. Sie können durch die Angabe von Koordinaten oder durch ein freies Setzen von Punkten mit der linken Maustaste definiert werden. Die erste Linie soll per Tastatureingabe gezeichnet werden.

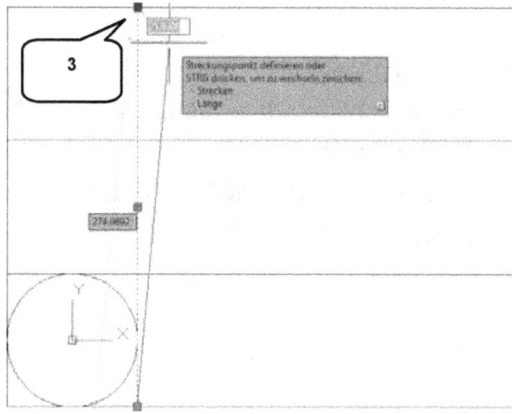

- **Linie** (1)
- Erster Punkt (2): [50] > **Taste: TAB** > [-50] > **Taste: ENTER**
- Zweiter Punkt (3): [300] > **Taste: TAB** > [90] > **Taste: ENTER**
- **Taste: ESC**

Die Linie soll zwei Mal kopiert werden, wofür der Befehl **Kopieren** zu verwenden ist.

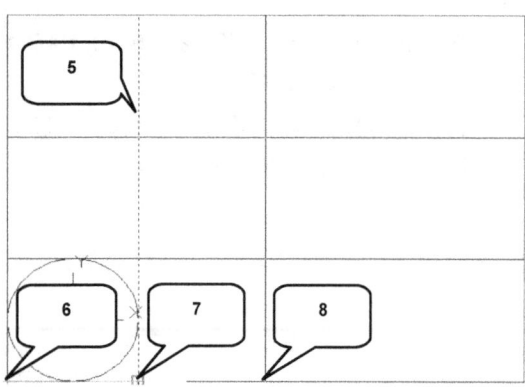

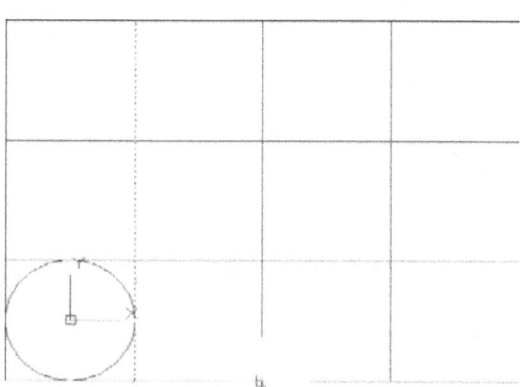

- Die Flaschenkästen zeichnen -

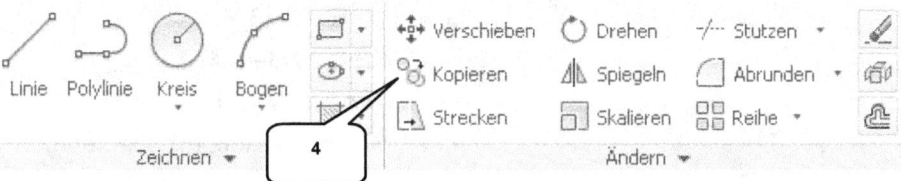

- **Kopieren** (4)
- Linie wählen (5) > **Taste: ENTER**
- Basispunkt wählen (6)

- Ersten Einfügepunkt wählen (7)
- Zweiten Einfügepunkt wählen (8)
- **Taste: ESC**

4.3.4 Erzeugen weiterer Flaschen

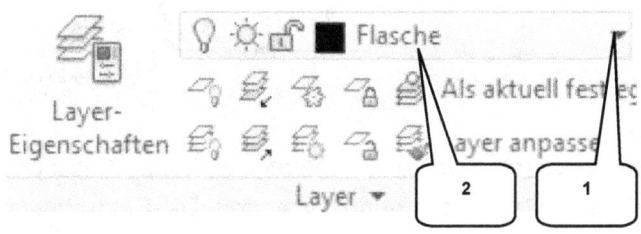

Da im folgenden Schritt weitere Flaschen erzeugt werden sollen, ist vorab der korrekte Layer einzustellen. Öffnen Sie das Layermenü (1) und aktivieren Sie den Layer **Flasche** (2).

HINWEIS: Achten Sie bei allen Arbeitsschritten auf die korrekte Layereinstellung, um Zeichenobjekte nicht irrtümlich einem falschen Layer zuzuweisen.

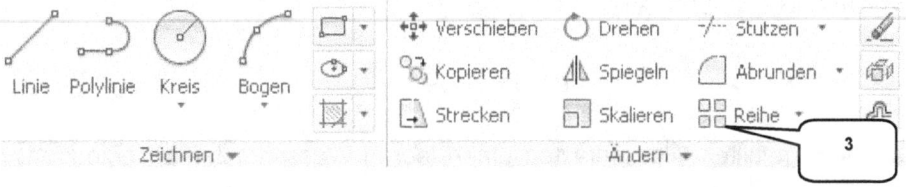

Mehrere Kopien eines oder mehrerer Objekte können mit dem Befehl **Reihe** erzeugt werden. Hierbei können die Objekte zwei- oder auch dreidimensional angeordnet werden. Erstellen Sie jetzt eine rechteckige Anordnung des vorhandenen Kreises mit 4 Spalten und 3 Zeilen.

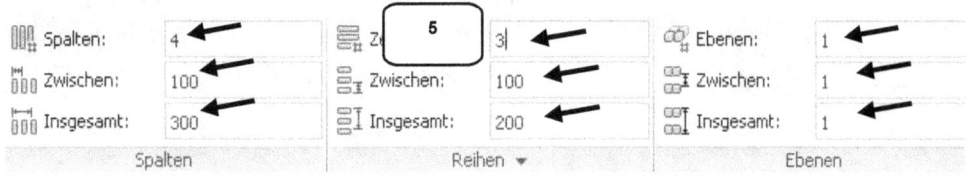

- Die Flaschenkästen zeichnen -

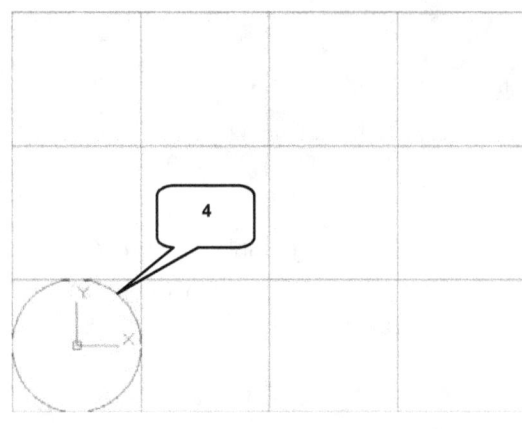

- ⊞ **_Reihe_** (3)
- Kreis wählen (4)
- **_Taste: ENTER_**
- Werte aus Abb. (5) übernehmen
- ✕ Anordnung schließen

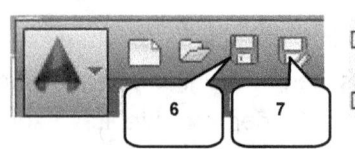

Die Zeichnung ist anschließend zu 🖫 **_speichern_**. Um eine separate Kopie der Zeichnung zu erzeugen, ist anschließend der Befehl 🖫 **_Speichern unter_** zu starten. Die Bezeichnung der neuen Zeichnung soll **_Kasten_leer_** lauten.

- 🖫 **_Speichern_** (6)
- 🖫 **_Speichern unter_** (7)
- Dateiname: [Kasten_leer] (8)

- Dateityp: *.dwg
- ▭Speichern▭ Speichern (9)

4.3.5 Löschen der Kreise und des Layers

Um aus einem gefüllten Wasserkasten einen leeren Wasserkasten zu erzeugen, müssen alle vorhandenen Flaschen (Kreise) entfernt werden. Eine gute Lösung bietet der Befehl ✗ **_Löschen_**, der einen Layer samt aller zugeordneter Objekte aus einer Zeichnung entfernt.

Um den Layer **_Flasche_** löschen zu können, muss vorher ein anderer Layer aktiviert werden. Öffnen Sie in der Befehlsgruppe **_Layer_** das Auswahlmenü und aktivieren Sie den Layer **_Flaschenkasten_**.

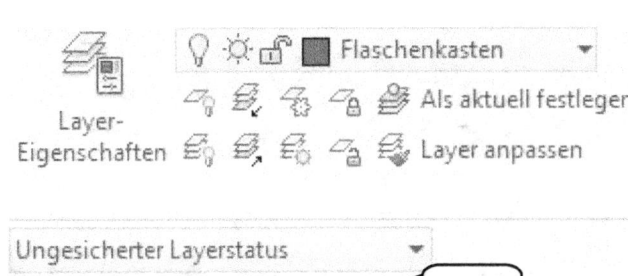

- Layer **Flaschenkasten** aktivieren (1)
- Befehlsgruppe **Layer** erweitern (2)

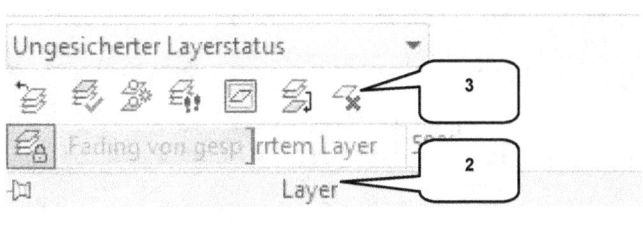

- **Löschen** (3)
- Einen der Kreise im Zeichenbereich wählen
- **Taste: ENTER**
- Im Eingabefenster [Ja] eingeben (4)
- **Taste: ENTER**

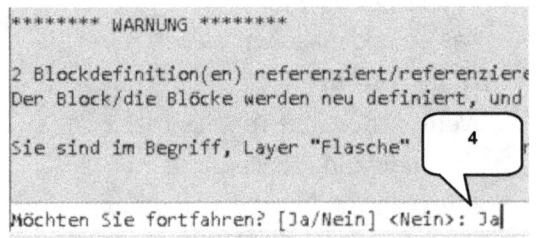

- **Speichern**
- Zeichnung schließen

4.4 Die Paletten zeichnen
4.4.1 Speichern der neuen Zeichnung

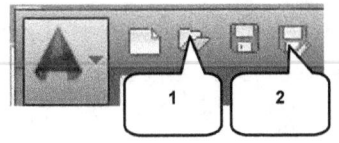

Eine neue Zeichnung soll eine Palette samt Kästen und Flaschen in der Draufsicht darstellen. **Öffnen** (1) Sie die Zeichnung **Kasten_voll.dwg** aus dem Projektordner und verwenden Sie den Befehl **Speichern unter** (2), um eine Kopie der Zeichnung als **Palette_voll** (3) zu speichern.

4.4.2 Die vorhandenen Kästen rechteckig anordnen

Verwenden Sie den Befehl **Reihe**, um alle vorhandenen Flaschen und Kästen zu kopieren. Die Auswahl der zu kopierenden Elemente kann einzeln erfolgen, indem nacheinander mit der linken Maustaste auf die Elemente geklickt wird, oder mittels eines Rahmens. Hierfür muss mit gedrückter linker Maustaste ein Rahmen über den gesamten Kasten aufgezogen werden.

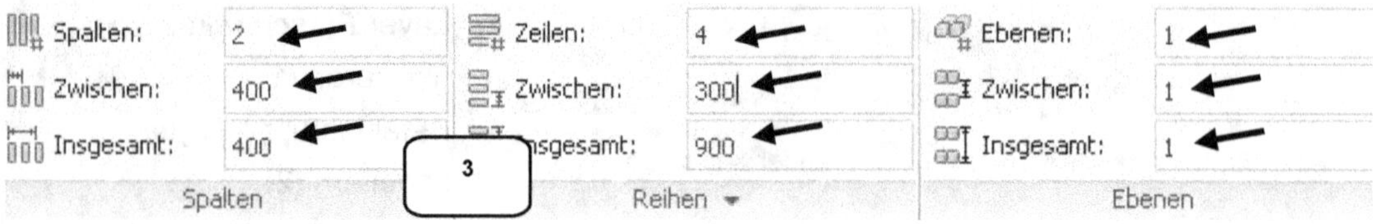

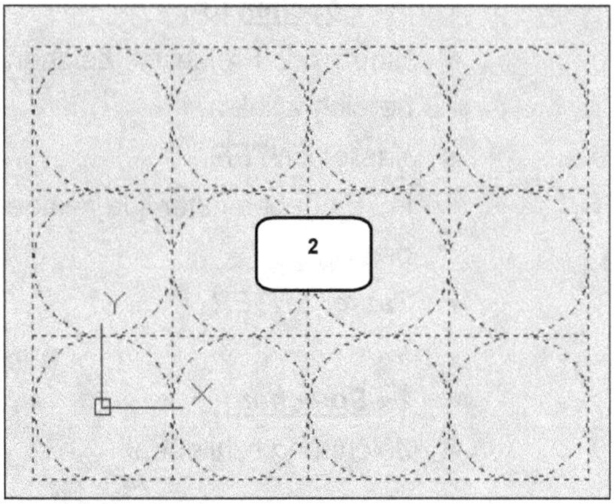

- Die Paletten zeichnen -

- **⊞ _Reihe_** (1)
- Kasten und Flaschen wählen (2)
- **Taste: ENTER**
- Werte der oberen Tab. übernehmen (3)
- ✕ Anordnung schließen

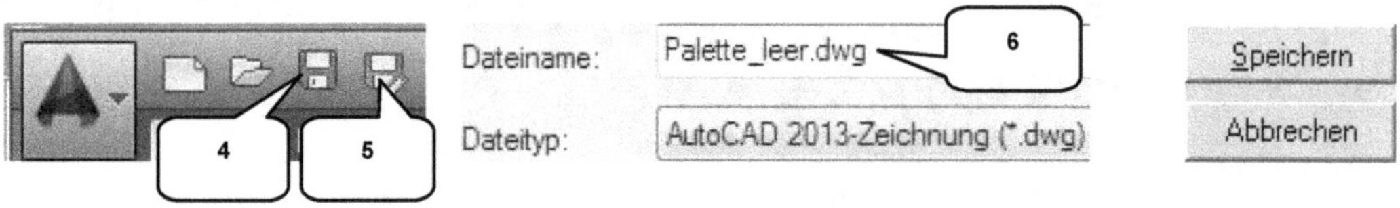

💾 Speichern (4) Sie die Zeichnung und verwenden Sie den Befehl **💾 Speichern unter** (6), um eine Kopie der Zeichnung mit der Bezeichnung **Palette_leer** (6) zu erzeugen.

4.4.3 Der neue Layer: Palette

In der neuen Zeichnung wird ein weiterer Layer benötigt. Starten Sie den 🗂 **Layereigenschaften-Manager** und erzeugen Sie den Layer **Palette**.

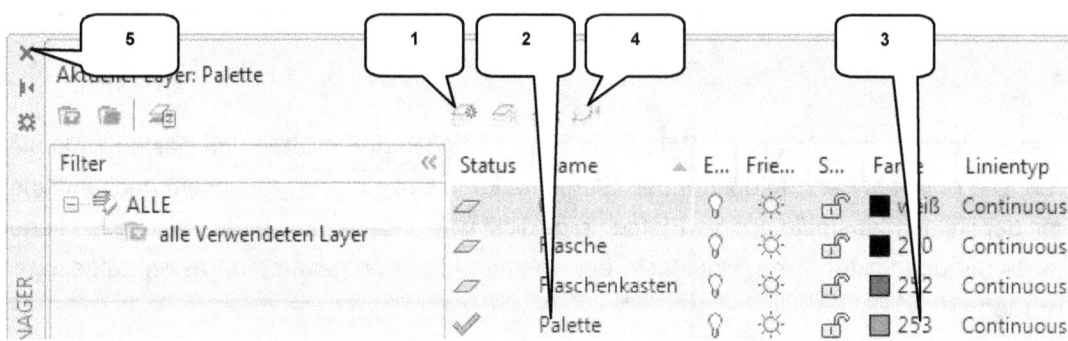

- Die Paletten zeichnen -

- **Layereigenschaften-Manager**
- Neuer Layer (1)
- Name: [Palette] (2)
- Farbe: [253] (3)
- Layer aktivieren (4)
- Layereigenschaften schließen (5)

4.4.4 Zeichnen der Palettenkonturen

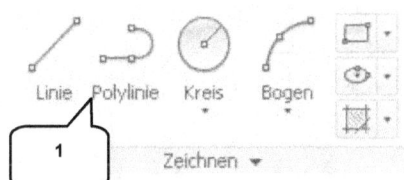

Die Palette soll durch ein Rechteck mit zwei sich diagonal kreuzende Linien symbolisiert werden. Verwenden Sie die Befehle **Polylinie** und **Linie**.

Starten Sie den Befehl **Polylinie** und verbinden Sie nacheinander die in der folgenden Abbildung markierten Eckpunkte. Beenden Sie den Befehl mit der Tastatureingabe [S], die bewirkt, dass die Polylinie vollständig geschlossen wird.

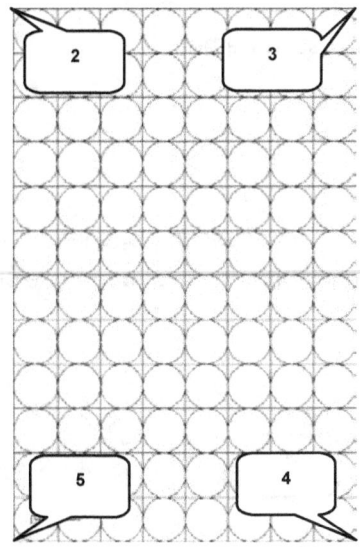

- **Polylinie** (1)
- Startpunkt: Markierter Punkt (2)
- Nächster Punkt: Markierter Punkt (3)
- Nächster Punkt: Markierter Punkt (4)
- Nächster Punkt: Markierter Punkt (5)
- Tastatureingabe: [S]
- **Taste: ENTER**

Kästen und Flaschen können jetzt aus der Zeichnung gelöscht werden. Markieren Sie einen der Kästen oder Flaschen (nicht auf die gerade erzeugte Polylinie klicken!) und drücken Sie die **Taste: ENTF**.

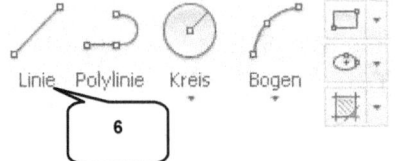

Das übrig gebliebene Rechteck soll durch die beiden Diagonalen ergänzt werden. Verwenden Sie hierfür den Befehl **Linie**.

 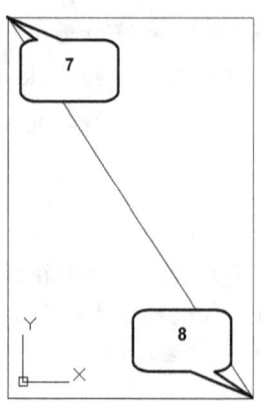 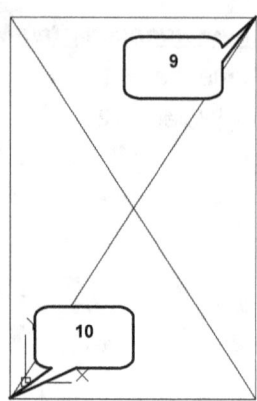

- **_Linie_** (6)
- Erster Punkt: Markierter Punkt (7)
- Zweiter Punkt: Markierter Punkt (8)
- **Taste: ESC**

- **_Linie_** (6)
- Erster Punkt: Markierter Punkt (9)
- Zweiter Punkt: Markierter Punkt (10)
- **Taste: ESC**

Die Datei kann anschließend **_gespeichert_** und geschlossen werden.

4.5 Die Konstruktion der ersten Maschine
4.5.1 Erzeugen einer neuen Zeichnung

Starten Sie den Befehl **_Neu_** und wählen Sie aus den vorhandenen Vorlagen die **_acadiso.dwt_** aus. **_Speichern_** Sie die Zeichnung im Projektordner unter der Bezeichnung: **_01_02_Kästen_von_Paletten_heben_**.

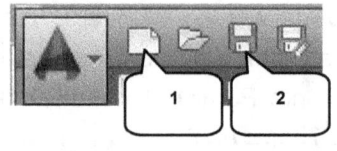 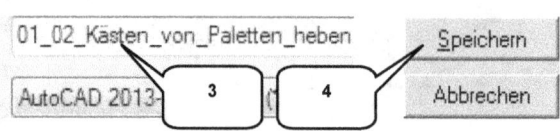

- **_Neu_** (1)
- Vorlage: acadiso.dwt
- Öffnen

- **_Speichern_** (2)
- Dateiname: [01_02_Kästen_von_Paletten_heben] (3)
- Dateityp: *.dwg
- Speichern (4)

4.5.2 Der neue Layer: Kästen_von_Palette_heben

Starten Sie den **Layereigenschaften-Manager** und erstellen Sie einen neuen Layer **Kästen_von_Palette_heben** mit folgenden Eigenschaften:

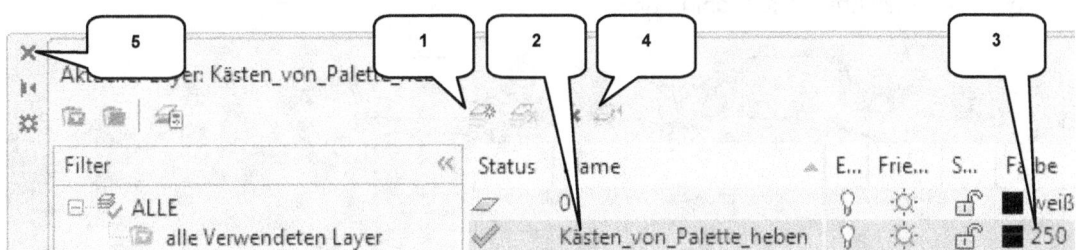

- **Layereigenschaften-Manager**
- Neuer Layer (1)
- Name: [Kästen_von_Palette_heben] (2)
- Farbe: [250] (3)
- Layer aktivieren (4)
- Layereigenschaften schließen (5)

4.5.3 Zeichnen der Maschine

Verwenden Sie die Befehle **Linie**, **Polylinie** und **Rechteck**, um das folgende Objekt zu erzeugen. Der Punkt **P0** kennzeichnet den Koordinatenursprung (0,0).

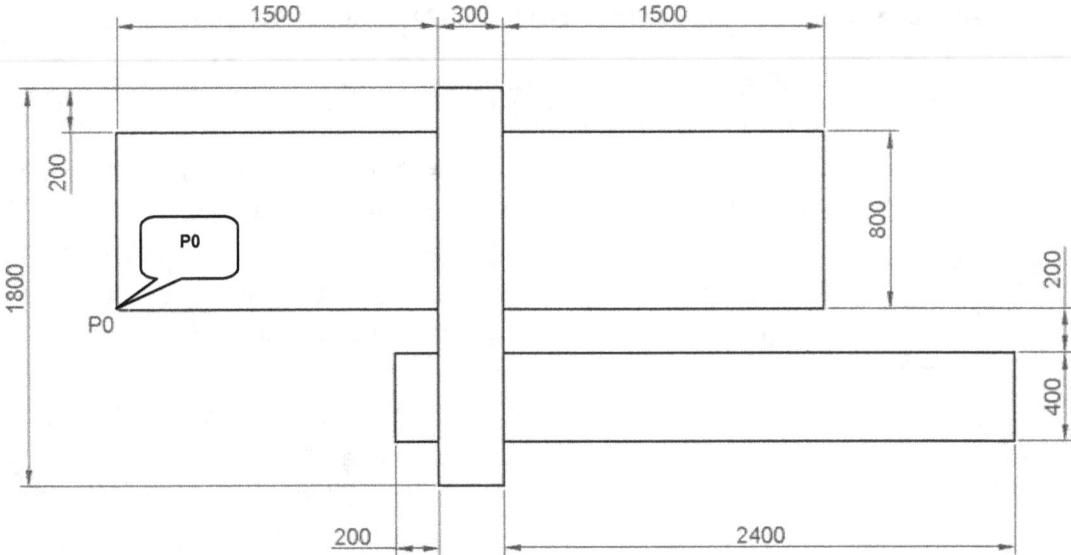

HINWEIS: Haben Sie einen Punkt falsch positioniert, kann per Texteingabe [Z] und der **Taste: ENTER** ein Schritt zurückgesprungen und der Fehler korrigiert werden.

4.5.4 Einfügen eines Blocks in die Zeichnung (Palette_Voll)

In der folgenden Übung soll die Zeichnung **Palette_Voll.dwg** als Block in die aktuelle Zeichnung importiert werden. Der Block ist per linker Maustaste frei im Zeichenbereich nahe der bereits gezeichneten Maschine abzulegen.

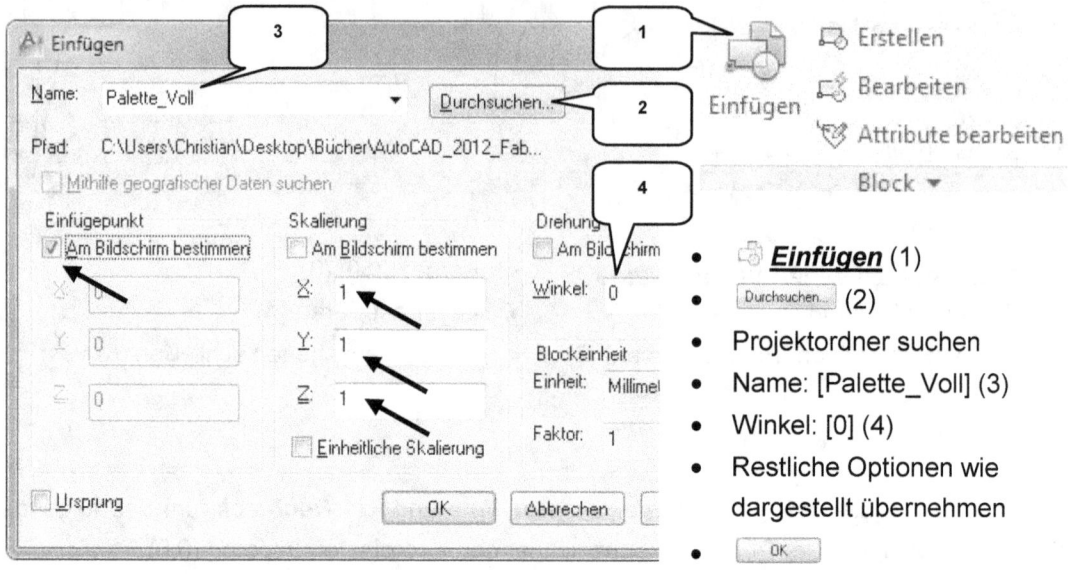

- **_Einfügen_** (1)
- Durchsuchen... (2)
- Projektordner suchen
- Name: [Palette_Voll] (3)
- Winkel: [0] (4)
- Restliche Optionen wie dargestellt übernehmen
- OK

Die Palette kann in der Nähe der bereits gezeichneten Maschine abgelegt werden.

4.5.5 Verschieben der Palette

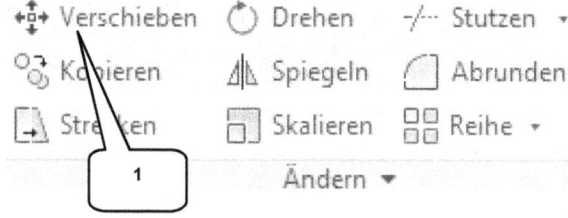

Die Palette muss jetzt an ihre Zielposition verschoben werden. Der Befehl **Verschieben** ermöglicht das Verschieben von Objekten mit ausgesuchtem Start- und Endpunkt.

- **_Verschieben_** (1)
- Palette wählen (2)
- **Taste: ENTER**
- Basispunkt wählen (3)
- Zielpunkt wählen (4)

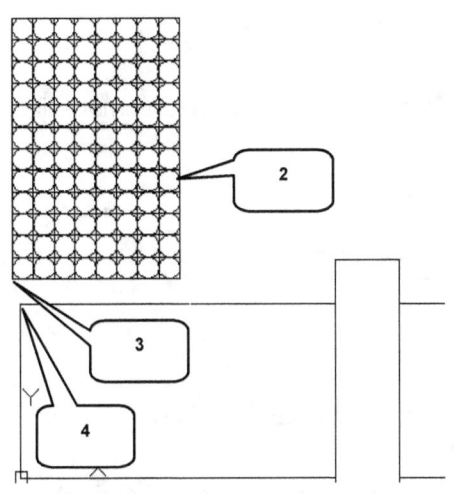
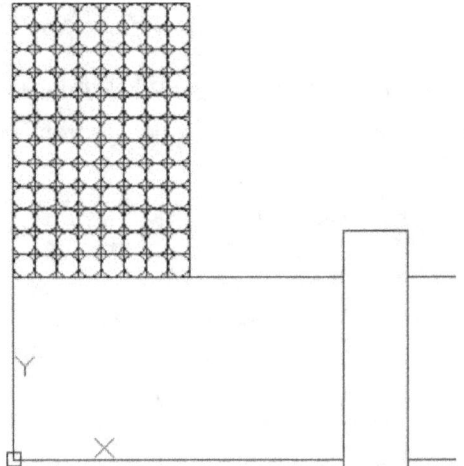

4.5.6 Die Palette um 90 Grad drehen

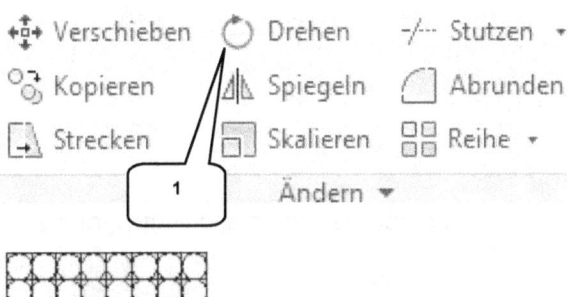

Die Palette wird jetzt um 90 Grad im UZS ⟲ **_gedreht_**. Der Winkel hierfür kann entweder über eine Tastatureingabe festgelegt oder durch zwei Punkte definiert werden. Wir verwenden die Zwei-Punkte-Methode.

- ⟲ **_Drehen_** (1)
- Palette wählen (2)
- **Taste: ENTER**
- Ersten Punkt wählen (3)
- Zweiten Punkt wählen (4)

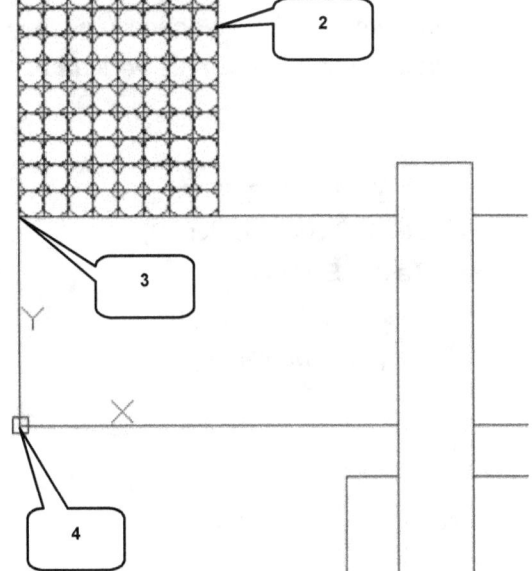
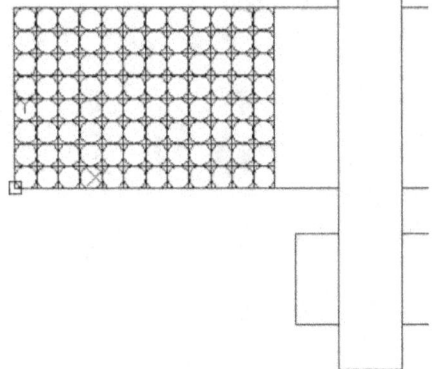

4.5.7 Einen weiteren Block in die Zeichnung einfügen (Palette_Leer)

Im folgenden Schritt ist der Block **Palette_Leer** in die Zeichnung einzufügen. Diesmal soll er bereits während des Einfügens gedreht werden.

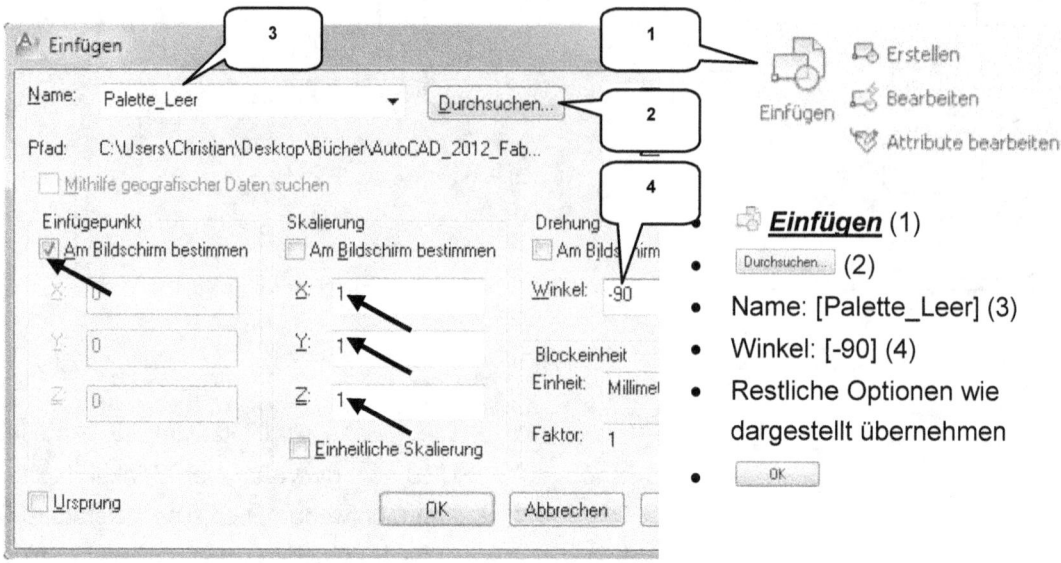

- **_Einfügen_** (1)
- Durchsuchen... (2)
- Name: [Palette_Leer] (3)
- Winkel: [-90] (4)
- Restliche Optionen wie dargestellt übernehmen
- OK

Die leere Palette kann in der Nähe der bereits gezeichneten Maschine abgelegt werden.

4.5.8 Verschieben der Palette

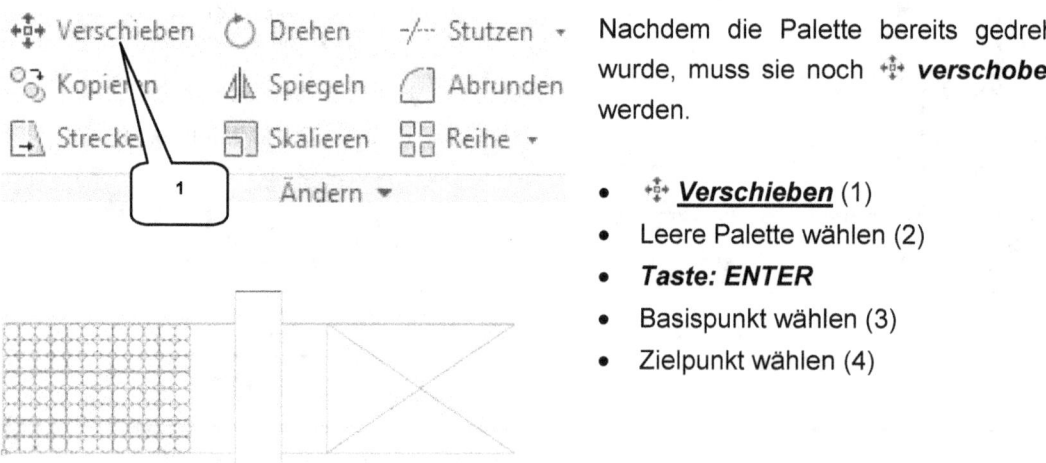

Nachdem die Palette bereits gedreht wurde, muss sie noch **verschoben** werden.

- **_Verschieben_** (1)
- Leere Palette wählen (2)
- **Taste: ENTER**
- Basispunkt wählen (3)
- Zielpunkt wählen (4)

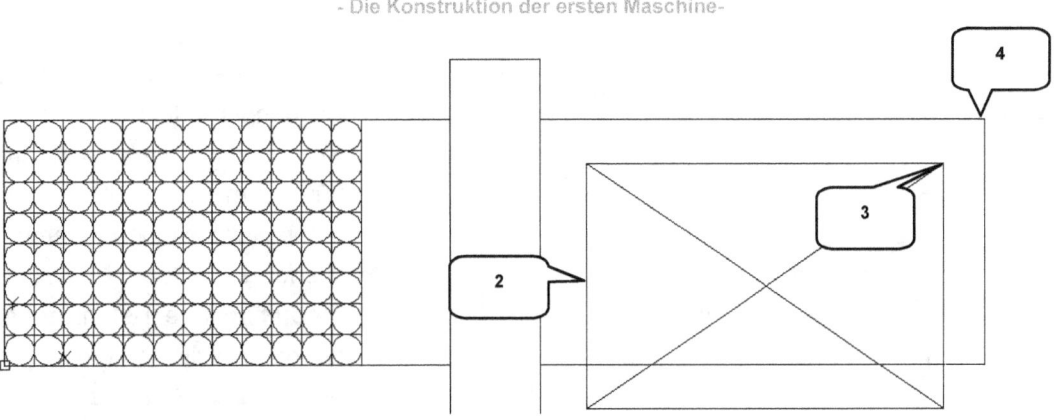

4.5.9 Einen weiteren Block in die Zeichnung einfügen (Kasten_Voll)

Fügen Sie den Block **Kasten_Voll** in die Zeichnung ein und positionieren Sie ihn.

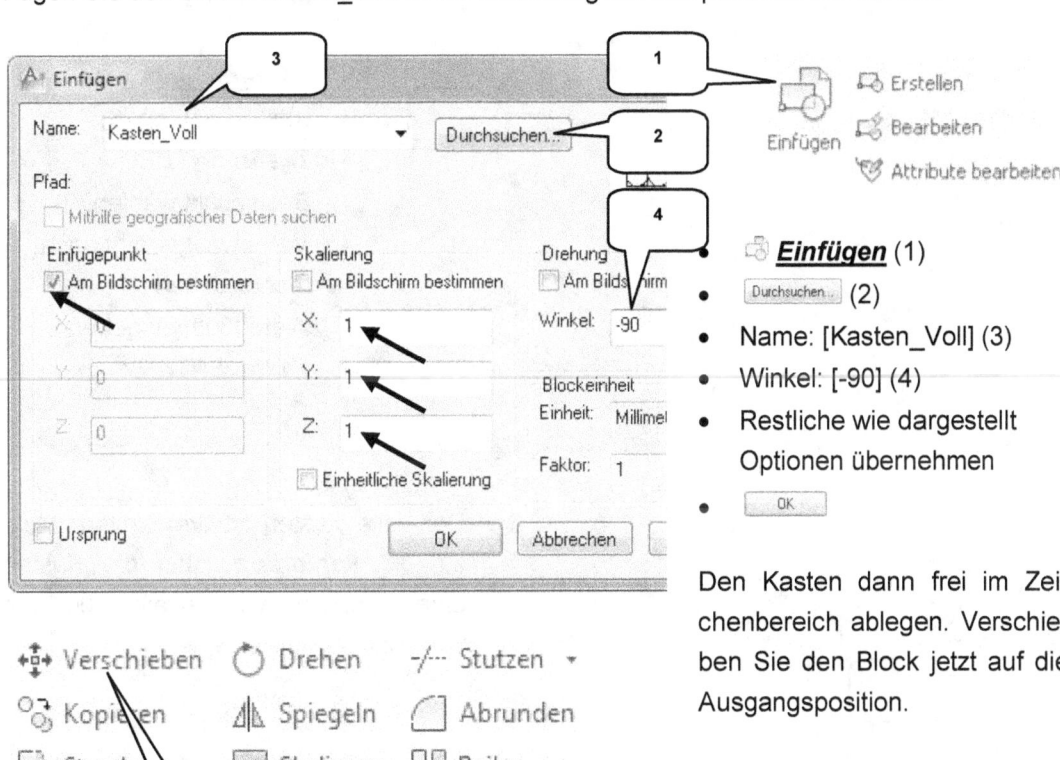

- **_Einfügen_** (1)
- Durchsuchen (2)
- Name: [Kasten_Voll] (3)
- Winkel: [-90] (4)
- Restliche wie dargestellt Optionen übernehmen
- OK

Den Kasten dann frei im Zeichenbereich ablegen. Verschieben Sie den Block jetzt auf die Ausgangsposition.

- **_Verschieben_** (5)
- Kasten wählen (6)
- **Taste: ENTER**
- Basispunkt wählen (7)
- Zielpunkt wählen (8)

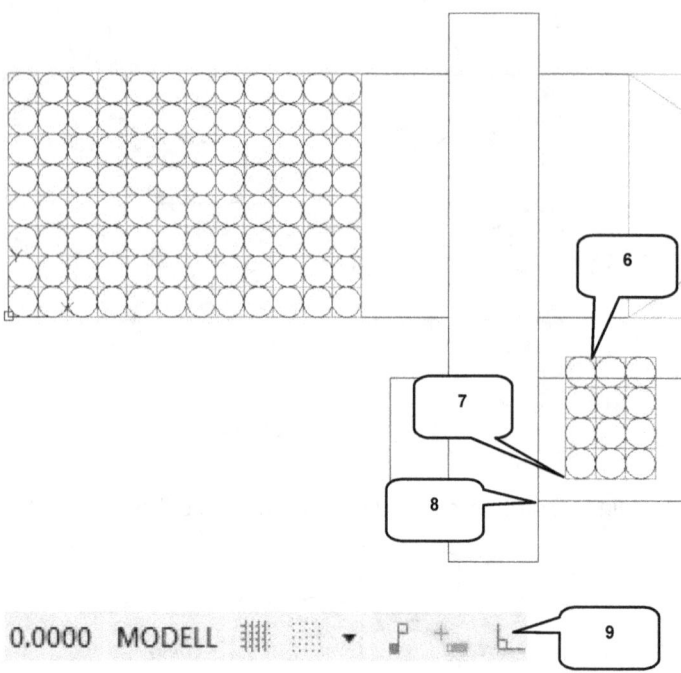

Sobald der Kasten auf die Ausgangsposition verschoben wurde, soll er von dort aus 300 mm horizontal nach rechts verschoben werden. Hierfür sollte der ⌞ **Ortho-Modus** (untere Befehlsleiste) temporär aktiviert werden, um eine präzise Verschiebung zu ermöglichen.

- ⌞ **Ortho-Modus** aktivieren (9)

- ✣ **_Verschieben_** (5)
- Kasten wählen (6)
- **Taste: ENTER**
- Basispunkt wählen (8)
- Maus waagerecht nach rechts ziehen
- Wert: [300] eingeben
- **Taste: ENTER**

4.5.10 Kopieren eines Blocks (Kasten_Voll)

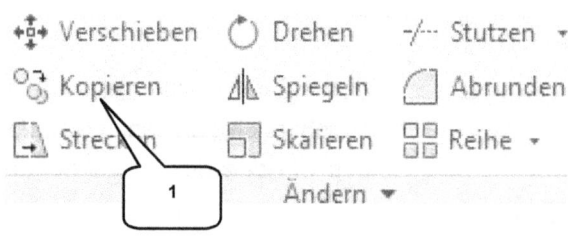

Der volle Kasten ist drei weitere Male zu ⊗ **kopieren**, wobei die Kästen einen Abstand von jeweils 300 mm zueinander besitzen sollen.

- ⊗ **_Kopieren_** (1)
- Kasten markieren (2)
- **Taste: ENTER**
- Punkt (3) wählen

- Punkt (4) wählen
- Punkt (5) wählen
- Punkt (6) wählen
- **Taste: ESC**

- ⌞ **Ortho-Modus** wieder deaktivieren (7)

4.5.11 Markieren der Transportband-Laufrichtung

Richtungspfeile sollen die Laufrichtung der Transportbänder symbolisieren. Hierfür ist der Block **Pfeil** zu importieren und anschließend zu vervielfachen.

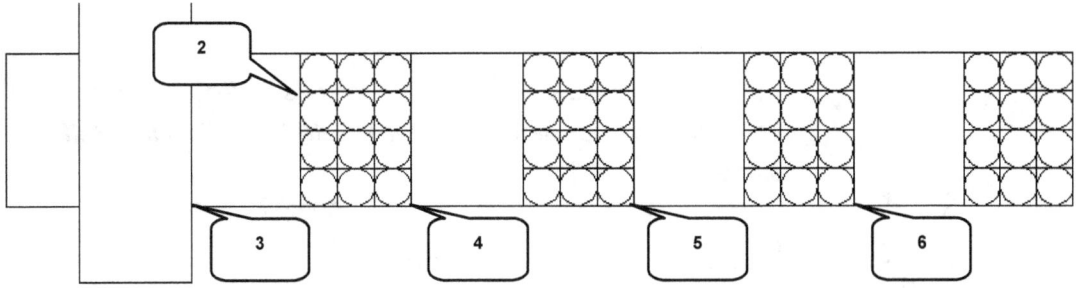

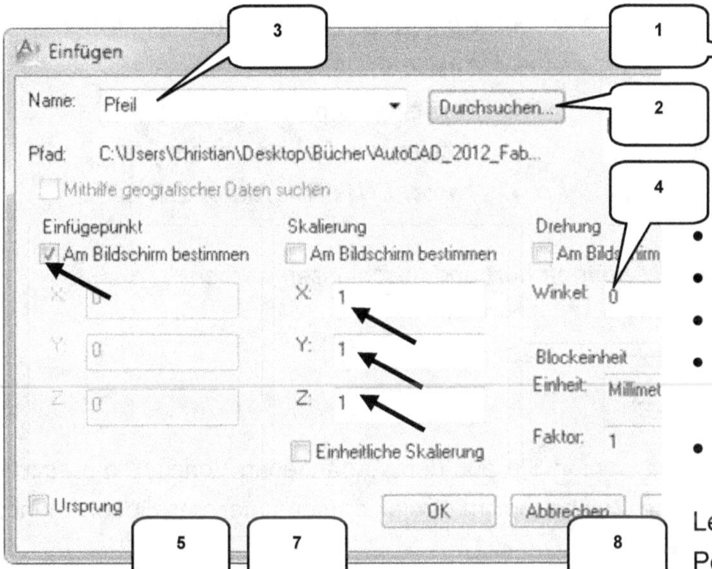

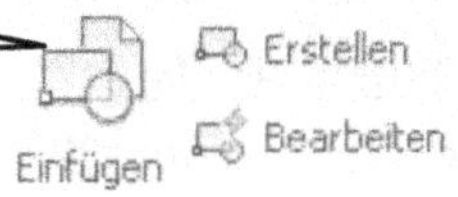

- **_Einfügen_** (1)
- Durchsuchen (2)
- Name: [Pfeil] (3)
- Winkel: [0] (4)
- Restliche wie dargestellt Optionen übernehmen
- OK

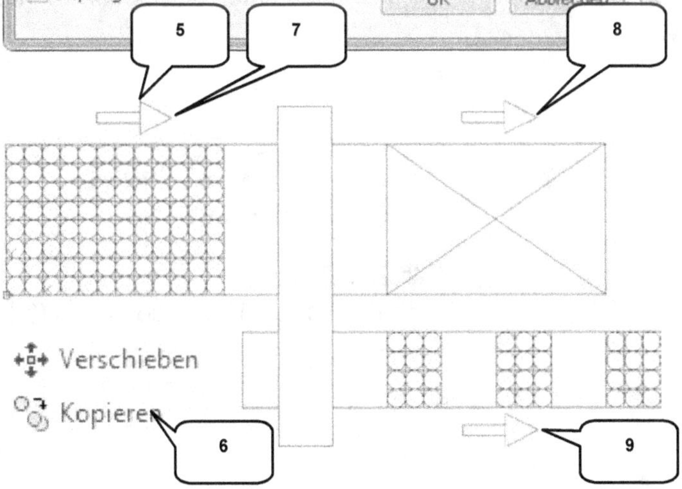

Legen Sie den Pfeil in etwa auf Position (5) ab und erzeugen Sie zwei weitere Pfeile.

- **_Kopieren_** (6)
- Pfeil markieren (5)
- **Taste: ENTER**
- Basispunkt wählen (7)
- 1. Zielpunkt wählen (8)
- 2. Zielpunkt wählen (9)
- **Taste: ESC**

4.5.12 Beschriften der Maschine

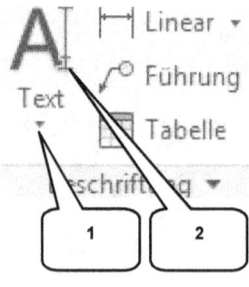
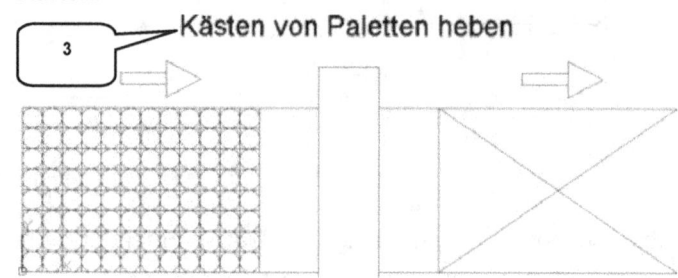

Um die Maschine zu beschriften, ist das Befehlsmenü **Text** zu erweitern und der darin enthaltene Befehl A **Einzelne Zeile** zu starten.

- Befehl **Text** erweitern (1)
- A **Einzelne Zeile** (2)
- Startpunkt setzen (3)
- Wert für Höhe eingeben: [100]
- **Taste: ENTER**

- Wert für Drehwinkel eingeben: [0]
- **Taste: ENTER**
- Text eingeben:
  [Kästen von Paletten heben]
- **Taste: ENTER** > **Taste: ENTER**

Die Zeichnung kann im Anschluss 💾 **gespeichert** und geschlossen werden.

4.6 Die Produktionslinie
4.6.1 Erzeugen einer neuen Zeichnung

Starten Sie den Befehl 📄 **Neu** und wählen Sie aus den vorhandenen Vorlagen die **acadiso.dwt** aus. 💾 **Speichern** Sie die Zeichnung im Projektordner unter der Bezeichnung: **01_00_Produktionslinie**.

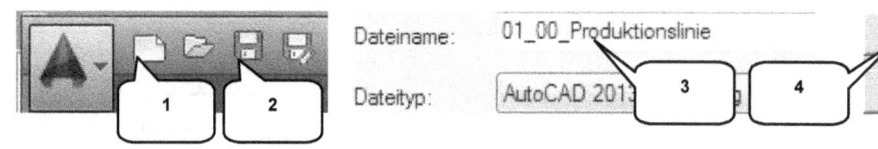

- 📄 **Neu** (1)
- Vorlage: acadiso.dwt
- Öffnen

- 💾 **Speichern** (2)
- Dateiname: [01_00_Produktionslinie] (3)
- Dateityp: *.dwg
- Speichern (4)

4.6.2 Die Maschinen der Produktionslinie importieren

In der folgenden Übung soll das Einfügen der Blöcke unter Verwendung des BKS (Benutzerkoordinatensystem) erfolgen. Alle vorgefertigten Zeichnungen besitzen bereits auf das Gesamtsystem bezogene Positionen zum Koordinatenursprung. Somit wird das Einfügen der Blöcke vereinfacht, und jede Maschine, jedes Transportsystem und alle Fabrikhallenobjekte wird direkt auf eine vorgesehene Position gesetzt. Hierfür muss die Option **Einfügepunkt am Bildschirm bestimmen** deaktiviert werden.

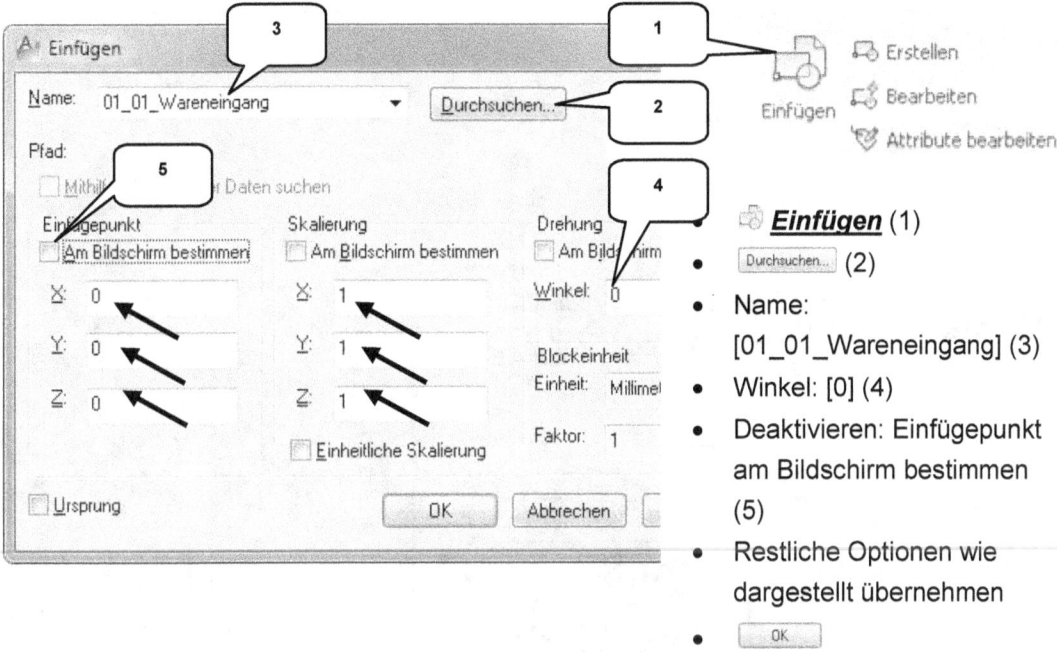

- **Einfügen** (1)
- Durchsuchen... (2)
- Name: [01_01_Wareneingang] (3)
- Winkel: [0] (4)
- Deaktivieren: Einfügepunkt am Bildschirm bestimmen (5)
- Restliche Optionen wie dargestellt übernehmen
- OK

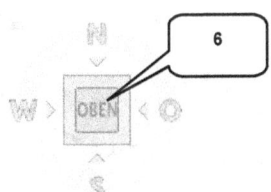

Um das neue Objekt im Fensterbereich der Zeichnung sichtbar zu machen, kann am **ViewCube** die Ansicht **OBEN** (6) aktiviert werden. Die Ansicht wird danach gezoomt.

Nach der Platzierung des letzten Objekts sind weitere Blöcke zu importieren, wobei dieselben Einstellungen zu verwenden sind. Wiederholen Sie den Befehl **Einfügen**, bis alle folgenden Objekte in die Zeichnung importiert worden sind:

- Die Produktionslinie -

Fügen Sie nacheinander die folgenden Blöcke ein:

- 01_03_Palettenspeicher
- 01_04_Flaschen_aus_Kästen_heben
- 01_05_Kastenwaschmaschine
- 01_06_Kastenspeicher
- 01_07_Flaschenspeicher_01
- 01_08_Flaschenkontrolle_01
- 01_09_Flaschenwaschmaschine
- 01_10_Flaschenkontrolle_02
- 01_11_Flaschenspeicher_02
- 01_12_Füllen_Schließen_Etikettieren
- 01_13_Flaschen_in_Kästen_heben
- 01_14_Kästen_auf_Paletten_heben
- 01_15_Warenausgang
- 01_16_Flaschentransportsystem

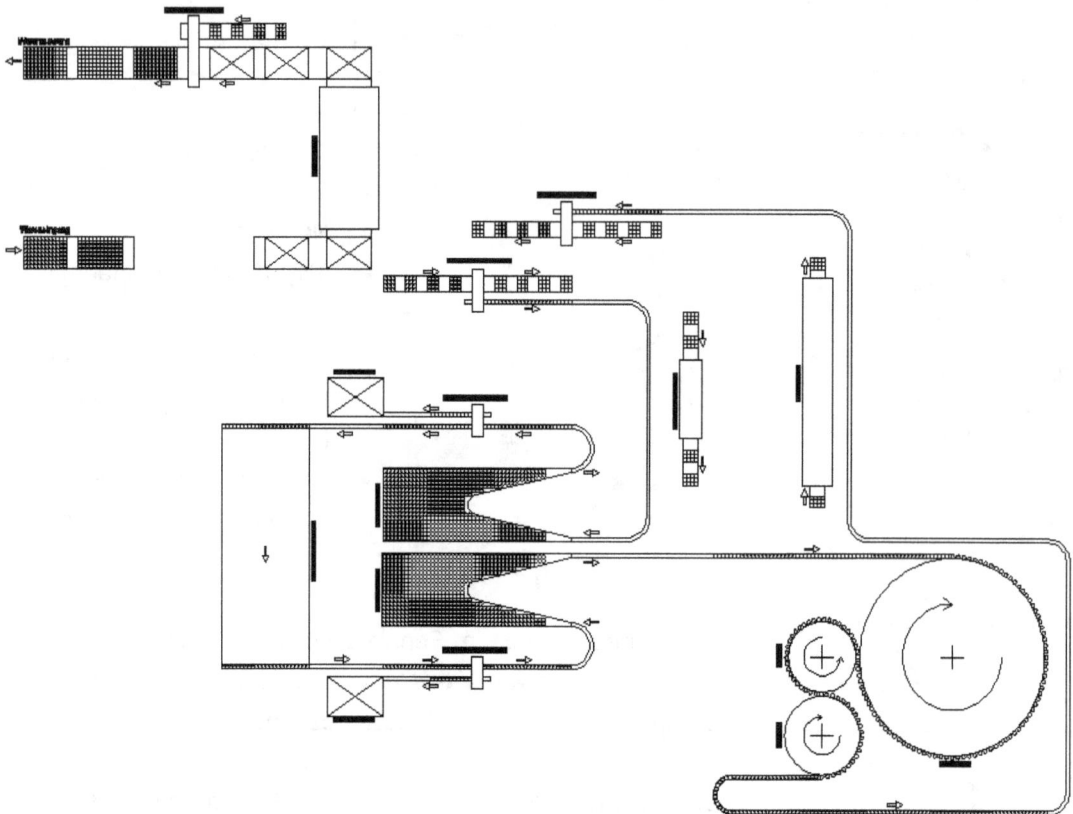

Das Resultat sollte die in der oberen Abbildung dargestellte Anlage sein. Die zuletzt in die Zeichnung eingefügten Objekte, wurden jeweils auf den Koordinatenursprung bezogen platziert. Im folgenden Schritt ist eine Maschine zu importieren, welche manuell zu platzieren ist (Einfügepunkt: Am Bildschirm bestimmen).

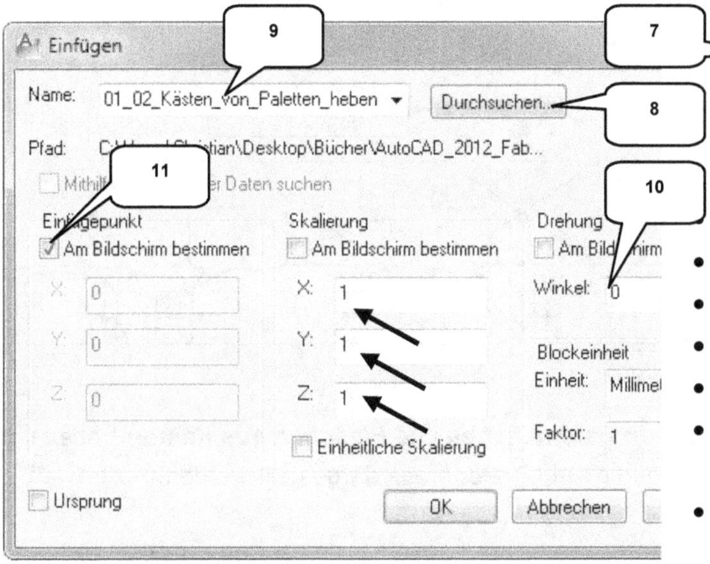

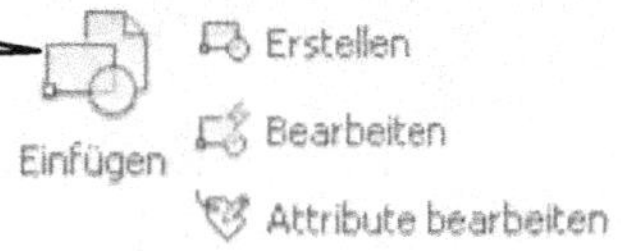

- Die Produktionslinie -

Einfügen (7)

- Durchsuchen... (8)
- Name: [01_02_Kästen_von_ Paletten_heben] (9)
- Winkel: [0] (10)
- Aktivieren: Einfügepunkt: Am Bildschirm bestimm. (11)
- Restliche Optionen wie dargestellt übernehmen
- OK

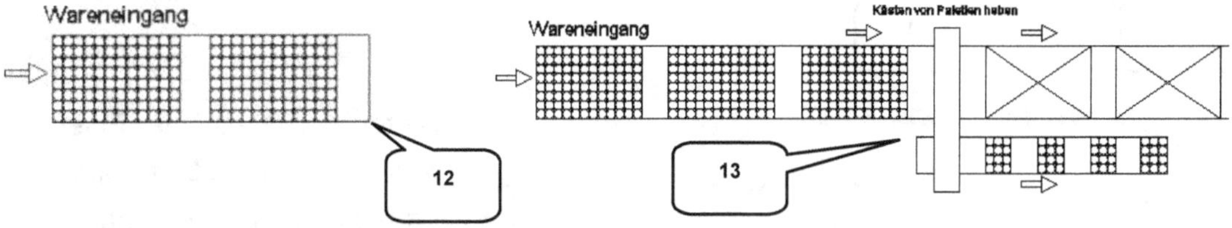

Das Objekt sollte jetzt am Mauszeiger hängen. Wurde beim Zeichnen der Maschine auf die richtige Position des Koordinatenursprungs geachtet, kann der Block auf der markierten Ecke des Wareneingangs (12) abgelegt werden.

Die Maschine müsste genau zwischen Wareneingang und Transportband des Palettenspeichers passen. Sollte das bei Ihnen nicht der Fall sein, verwenden Sie den Befehl ✥ **Verschieben**, um es zu korrigieren.

4.6.3 Aktivierung des Layers: Transportsysteme

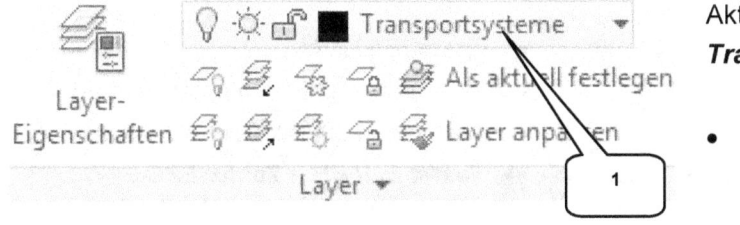

Aktivieren Sie den Layer **Transportsysteme**:

- Layer **Transportsysteme** wählen (1)

4.6.4 Das Kastentransportsystem

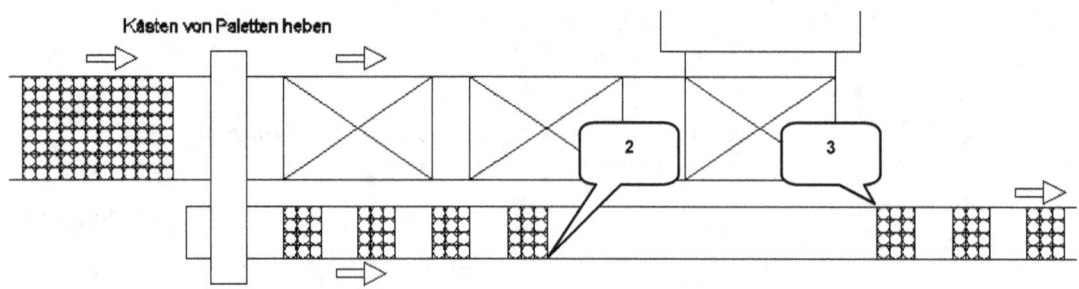

Zwischen den Maschinen **Kästen von Palette heben** und **Flaschen aus Kästen heben** soll das fehlende Kastentransportband durch ein ▢ **Rechteck** dargestellt werden.

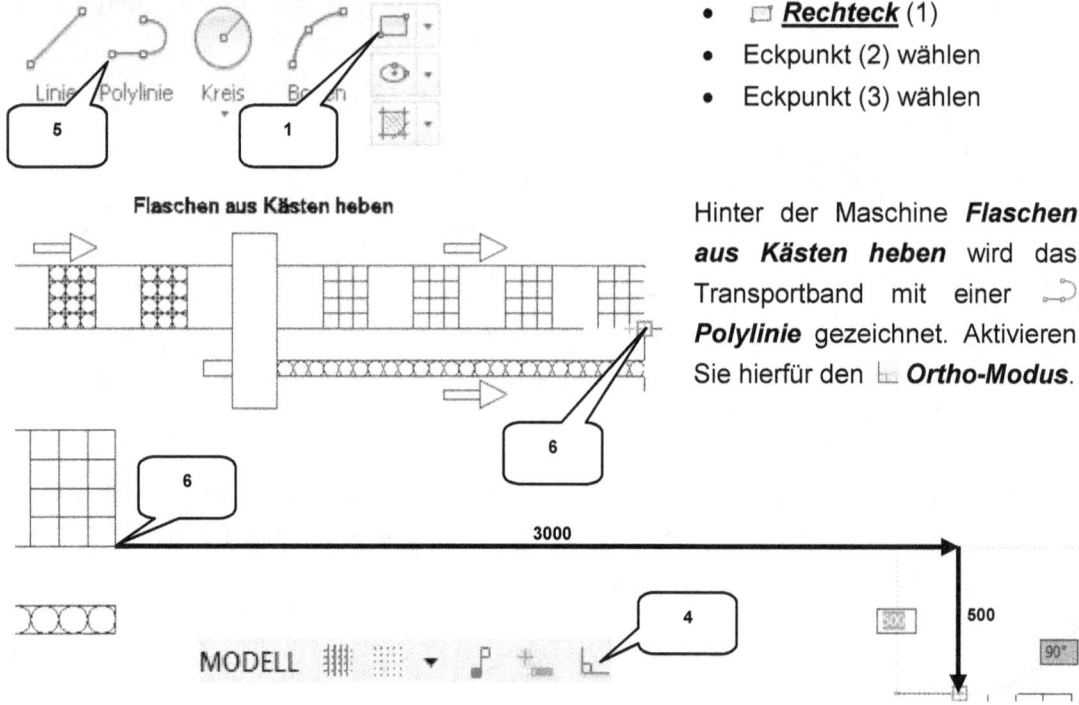

- ▢ **_Rechteck_** (1)
- Eckpunkt (2) wählen
- Eckpunkt (3) wählen

Hinter der Maschine **Flaschen aus Kästen heben** wird das Transportband mit einer **Polylinie** gezeichnet. Aktivieren Sie hierfür den **Ortho-Modus**.

- **Ortho-Modus** (4)
- **_Polylinie_** (5)
- Startpunkt wählen (6)
- Maus waagerecht nach rechts ziehen
- Tastatureingabe: [3000]

- **Taste: ENTER**
- Maus senkrecht nach unten ziehen
- Tastatureingabe: [500]
- **Taste: ENTER > Taste: ESC**

4.6.5 Bearbeiten und Versetzen der Polylinie

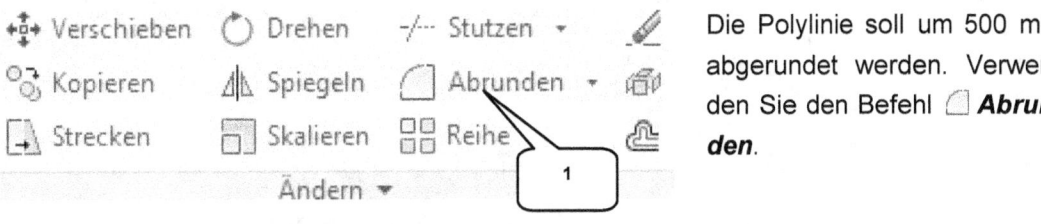

Die Polylinie soll um 500 mm abgerundet werden. Verwenden Sie den Befehl ⌒ **Abrunden**.

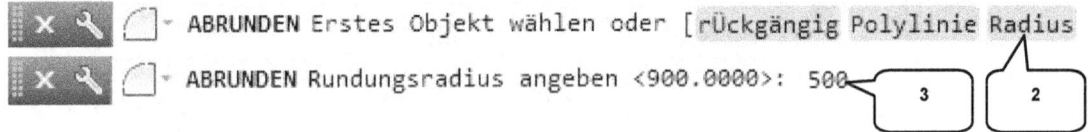

- ⌒ **Abrunden** (1)
- Option: [Radius] wählen (2)
- Werteingabe: [500] (3)
- **Taste: ENTER**
- Erste Linie wählen (4)
- Zweite Linie wählen (5)

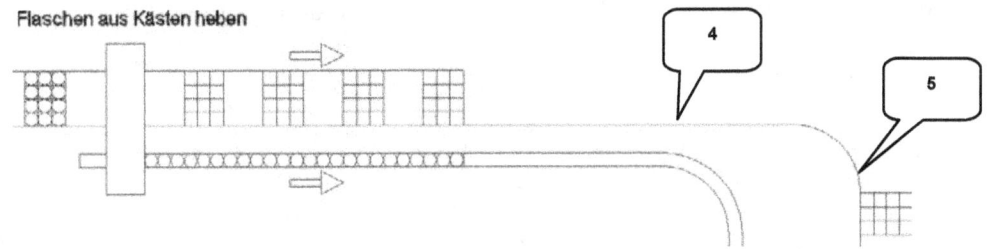

Mit dem Befehl ⌢ **Versetzen** soll das Transportband geschlossen werden. Mit diesem Befehl können geometrische Objekte kopiert und zeitgleich versetzt werden.

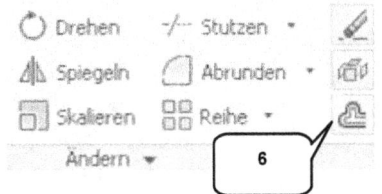

- ⌢ **Versetzen** (6)
- Abstand: [400] eingeben > **Taste: ENTER**
- Polylinie wählen (7)
- Auf einen beliebigen Punkt im Bereich (8) klicken
- **Taste: ESC**

HINWEIS: Die genaue Position des Punktes (3) ist nicht relevant, entscheidend ist nur die Richtung (vom Original aus gesehen).

- Die Produktionslinie -

Flaschen aus Kästen heben

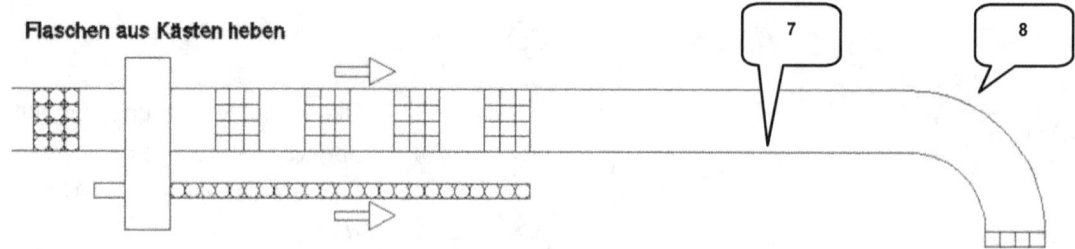

4.6.6 Kastenwaschmaschine mit Kastenspeicher verbinden

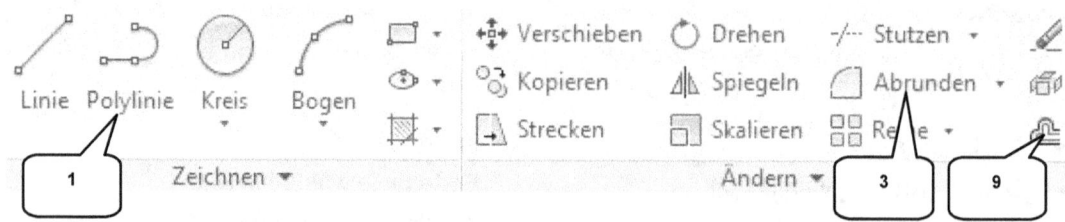

Kastenwaschmaschine und **Kastenspeicher** sind ebenfalls miteinander zu verbinden. Wiederholen Sie die Befehle ⤳ **Polylinie**, ⌐ **Abrunden** und ⌐ **Versetzen**.

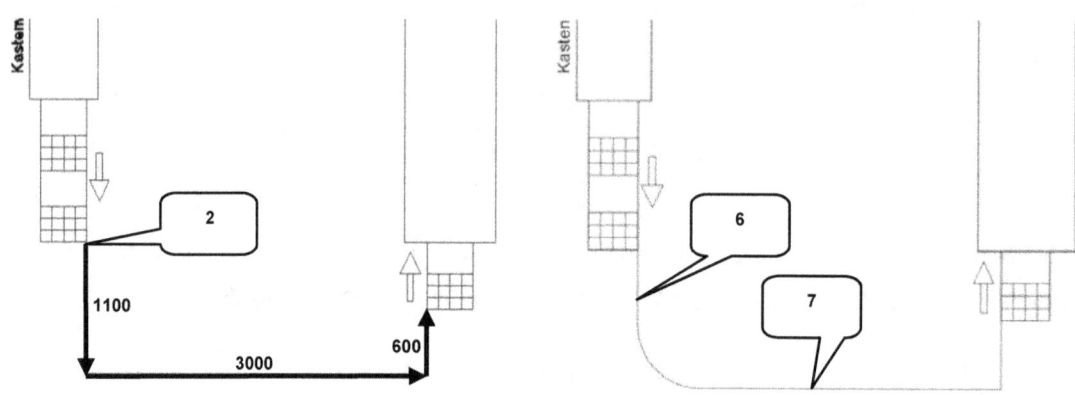

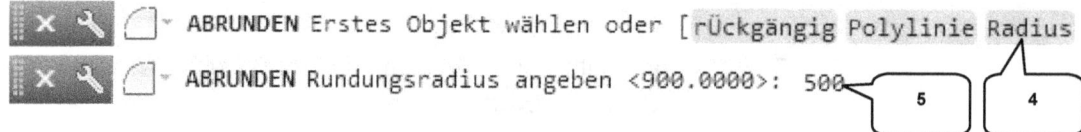

- ⤳ **_Polylinie_** (1)
- Startpunkt wählen (2)
- Linie 1100 mm nach unten zeichnen
- Linie 3000 mm nach rechts zeichnen
- Linie 600 mm nach oben zeichnen
- **Taste: ESC**

- ⌐ **_Abrunden_** (3)
- Option: [Radius] wählen (4)
- Werteingabe: [500] (5)
- **Taste: ENTER**
- Erste Linie wählen (6)
- Zweite Linie wählen (7)

- Die Produktionslinie -

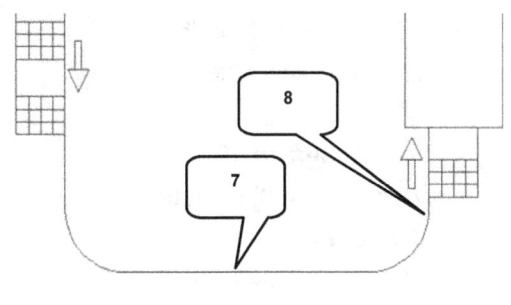

- *__Abrunden__* (3)
- Option: [Radius] wählen (4)
- Werteingabe: [500] (5)
- **Taste: ENTER**
- Zweite Linie wählen (7)
- Dritte Linie wählen (8)

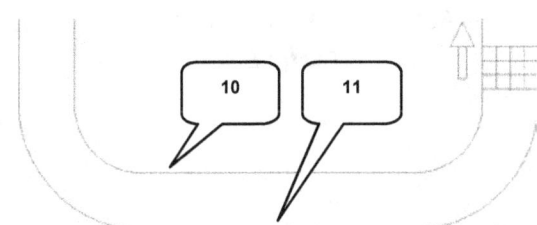

- *__Versetzen__* (9)
- Abstand: [400] eingeben
- **Taste: ENTER**
- Polylinie wählen (10)
- Auf beliebigen Punkt im Bereich (11) klicken > **Taste: ESC**

4.6.7 Kastenspeicher mit Flaschenheber verbinden

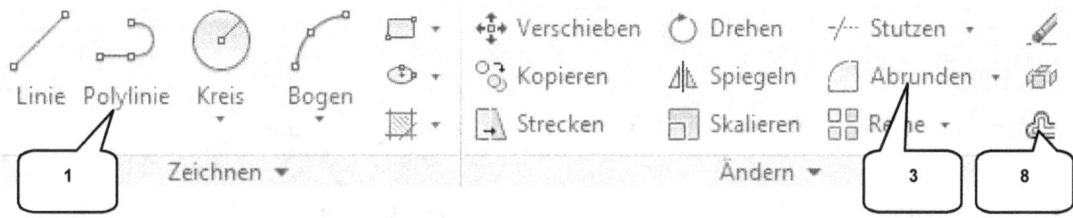

Kastenspeicher und **Flaschenheber** sollen ebenfalls durch ein Transportband miteinander verbunden werden.

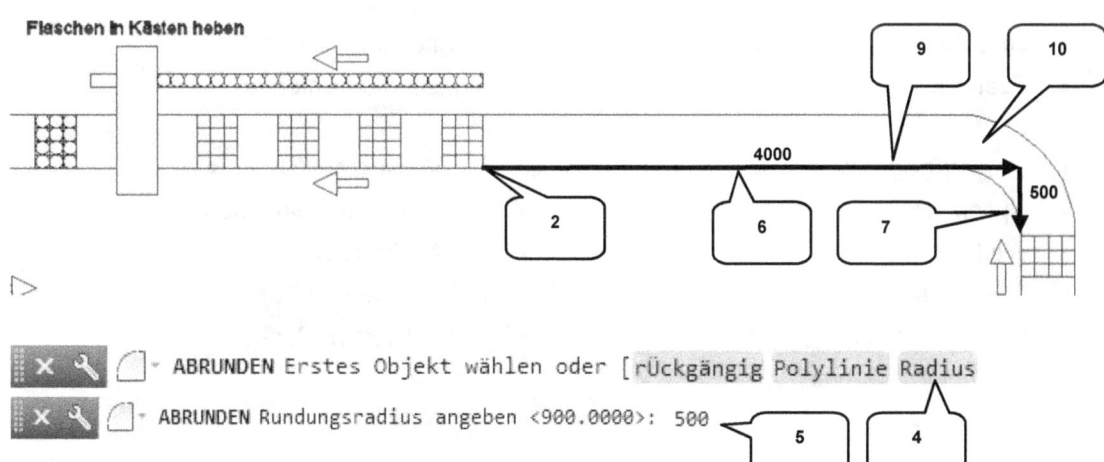

- Die Produktionslinie -

- ⤵ **Polylinie** (1)
- Startpunkt (2) wählen
- Linie 4000 mm nach rechts zeichnen
- Linie 500 mm nach unten zeichnen
- *Taste: ESC*

- **Abrunden** (3)
- Option: [Radius] wählen (4)
- Werteingabe: [500] (5)
- *Taste: ENTER*

- Erste Linie wählen (6)
- Zweite Linie wählen (7)

- **Versetzen** (8)
- Abstand: [400] eingeben
- *Taste: ENTER*
- Polylinie wählen (9)
- Auf beliebigen Punkt im Bereich (10) klicken > *Taste: ESC*

4.6.8 Flaschenheber mit Kastenheber verbinden

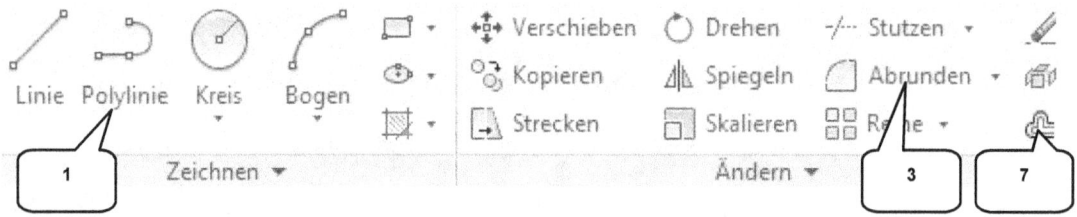

Kasten- und **Flaschenheber** sind ebenfalls miteinander zu verbinden.

- ⤵ **Polylinie** (1)
- Startpunkt wählen (2)
- Linie 3000 mm nach rechts zeichnen
- Linie 5000 mm nach unten zeichnen
- Linie 2050 mm nach rechts zeichnen
- *Taste: ESC*

- **Abrunden** (3)
- Option: [Radius] wählen
- Werteingabe: [500]
- *Taste: ENTER*
- Erste Linie wählen (4)
- Zweite Linie wählen (5)

- **Abrunden** (3)
- Option: [Radius] wählen
- Werteingabe: [500]
- *Taste: ENTER*
- Zweite Linie wählen (5)
- Dritte Linie wählen (6)

- **Versetzen** (7)
- Abstand: [400] eingeben
- *Taste: ENTER*
- Polylinie wählen (8)
- Auf beliebigen Punkt im Bereich (9) klicken
- *Taste: ESC*

- Die Produktionslinie -

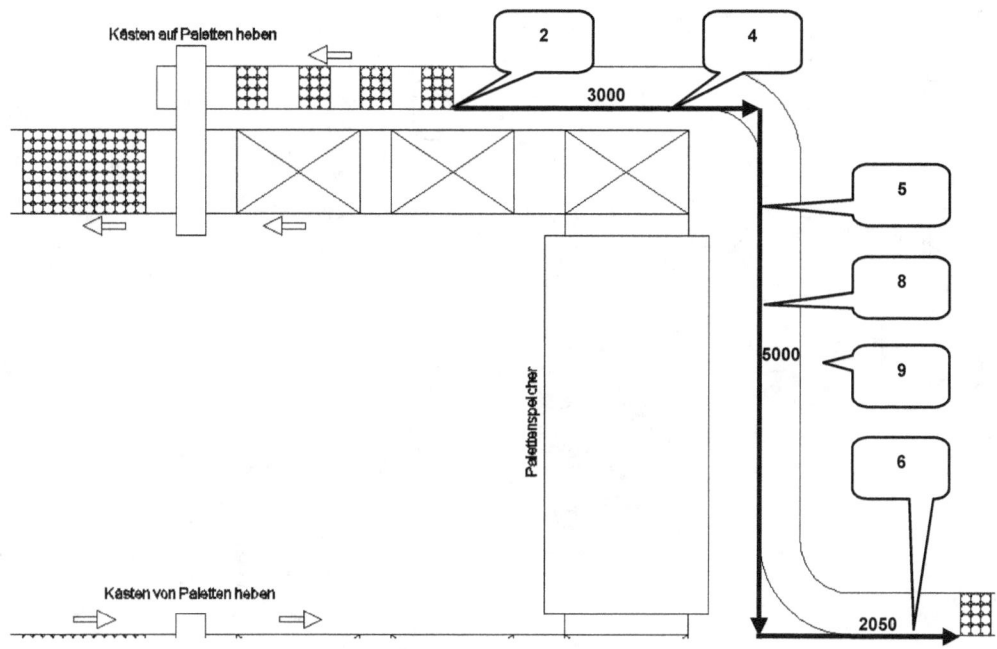

Die Produktionslinie ist damit vollständig geschlossen worden, die Zeichnung muss allerdings weiterhin geöffnet bleiben.

4.6.9 Berechnung des Platzbedarfes vom Produktionsbereich

Um genügend Platz für die Produktionsfläche innerhalb der Fabrikhalle einplanen zu können, müssen vorher deren Abmessungen ermittelt werden. Verwenden Sie hierfür den Befehl **Messen**.

- **Messen** (1)
- Punkt (2) wählen
- Punkt (3) wählen

Länge (4) und Höhe (5) können jetzt abgelesen werden. Es ist zu erkennen, dass eine Basisfläche von ca. **29 x 20 m** benötigt wird. Ein zusätzlicher umlaufender Sicherheitsbereich von einem Meter ergibt die benötigte Gesamtfläche von **31 x 22 m** für die eigentliche Produktionsfläche.

Beenden Sie den Befehl mit der **Taste: ESC** und **speichern** sowie schließen Sie die Zeichnung.

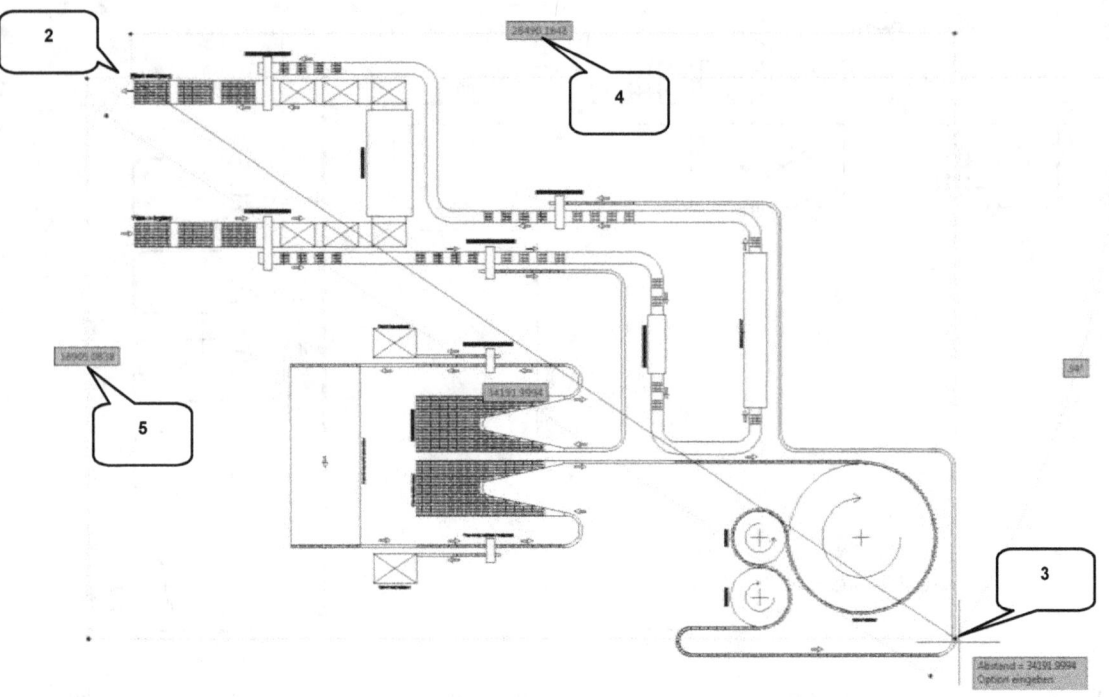

4.7 Die Produktionshalle
4.7.1 Erzeugen einer neuen Zeichnung

Starten Sie den Befehl ▢ *Neu* und wählen Sie aus den vorhandenen Vorlagen die ***acadiso.dwt*** aus. ▢ *Speichern* Sie die Zeichnung im Projektordner unter der Bezeichnung: ***02_00_Fabrikhalle_mit_Außenbereich***.

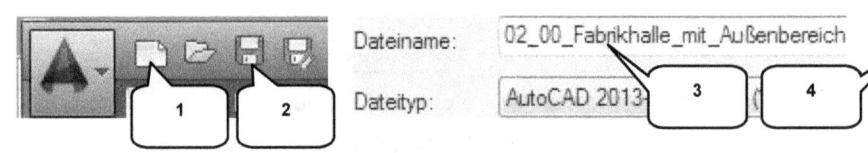

- ▢ ***Neu*** (1)
- Vorlage: acadiso.dwt
- Öffnen

- ▢ ***Speichern*** (2)
- Dateiname: [02_00_Fabrikhalle_mit_Außenbereich] (3)
- Dateityp: *.dwg
- ***Speichern*** (4)

4.7.2 Der neue Layer: Fabrikhalle

Starten Sie den 🗐 **Layereigenschaften-Manager** und erstellen Sie einen neuen Layer **Fabrikhalle** mit den folgenden Eigenschaften:

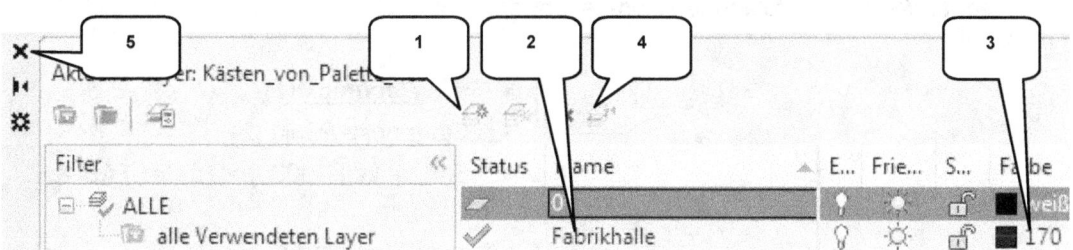

- 🗐 **_Layereigenschaften-Manager_**
- 🌟 Neuer Layer (1)
- Name: [Fabrikhalle] (2)
- Farbe: [170] (3)
- Layer aktivieren (4)
- Layereigenschaften schließen (5)

4.7.3 Produktions- und Logistikbereiche abgrenzen

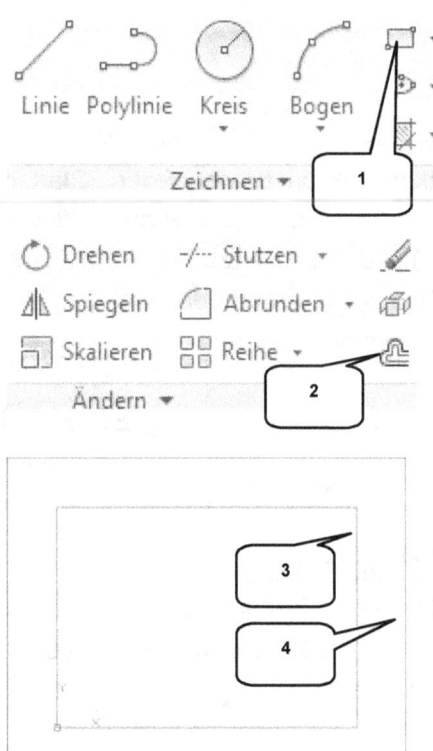

Der Produktionsbereich soll mit einem 🔲 **Rechteck** umrandet werden. Dies vereinfacht später die Aufteilung der gesamten Halle. Der Befehl 🗐 **Versetzen** wird diesen ersten Bereich anschließend erweitern.

- 🔲 **_Rechteck_** (1)
- Erster Punkt: [0] > **Taste: TAB** > [0]
- **Taste: ENTER**
- Zweiter Punkt:
  [31000] > **Taste: TAB** > [22000]
- **Taste: ENTER**

- 🗐 **_Versetzen_** (2)
- Abstand: [5000] eingeben
- **Taste: ENTER**
- Zu versetzendes Rechteck wählen (3)
- Auf einen beliebigen Punkt im Bereich (4) klicken
- **Taste: ESC**

4.7.4 Wareneingang, Warenausgang und Sozialtrakt abgrenzen

Rechts und links neben Produktions- und Logistikbereich sind zwei weitere Bereiche für Warenein- und Warenausgang sowie für den Sozialtrakt darzustellen. Zeichnen Sie zwei 🔲 **Rechtecke** mit den folgenden Abmessungen:

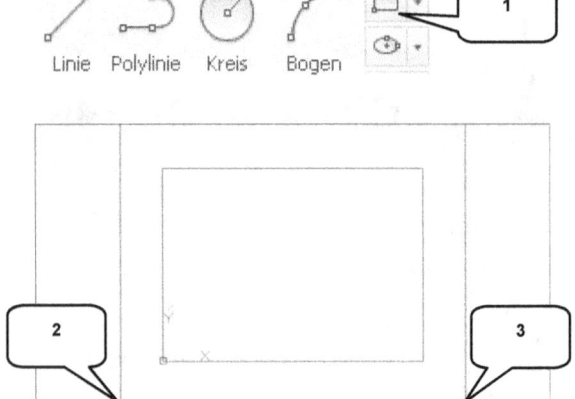

- 🔲 **Rechteck** (1)
- Startpunkt: Punkt (2)
- Endpunkt: [-10000] > **Taste: TAB** > [32000]
- **Taste: ENTER**

- 🔲 **Rechteck** (1)
- Startpunkt: Punkt (3)
- Endpunkt: [10000] > **Taste: TAB** > [32000]
- **Taste: ENTER**

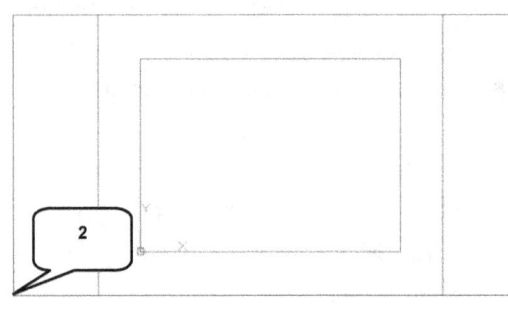

4.7.5 Die Hallenpfeiler zeichnen und rechteckig anordnen

Zeichnen Sie für die Träger der Wand- und Deckenkonstruktion (Hallenpfeiler). Starten Sie mit einem ersten 🔲 **Rechteck** (200 x 200 mm) in der markierten Ecke. Vervielfältigen Sie das Rechteck danach mit dem Befehl ⊞ **Reihe**.

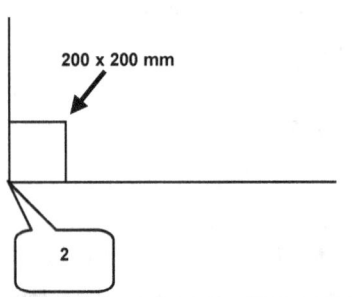

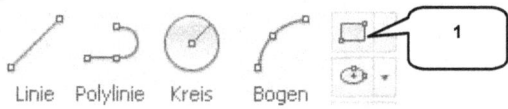

- 🔲 **Rechteck** (1)
- Erster Punkt: Eckpunkt (2)
- Endpunkt: [200] > **Taste: TAB** > [200]
- **Taste: ENTER**

- Die Produktionshalle -

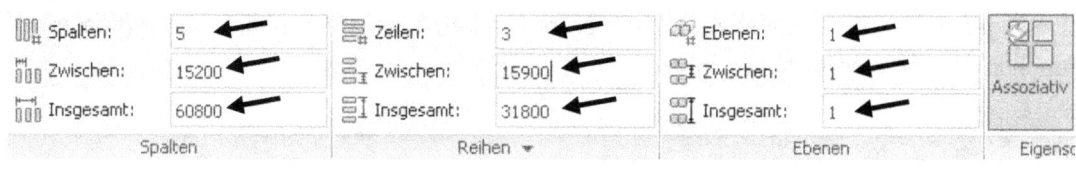

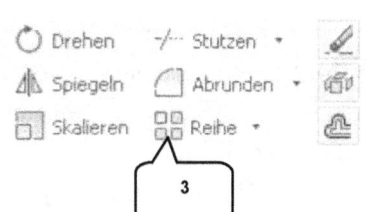

- 🔳 **Reihe** (3)
- Rechteck (200 x 200) markieren
- **Taste: ENTER**
- Werte der oberen Abb. übernehmen
- ✕ Anordnung schließen

4.7.6 Kennzeichnen der Hallenpfeilerstrukturen

Die gerade erzeugten Hallenpfeiler sollen durch Hilfslinien gekennzeichnet werden. Hierbei werden die kleinen Rechtecke jeweils paarweise einmal horizontal und einmal vertikal miteinander verbunden. Die Linien sind dann mit dem Linientyp *ISO Strichlinie* zu versehen.

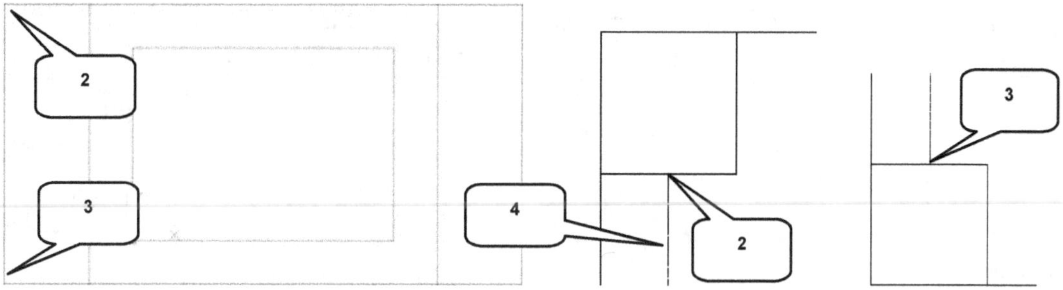

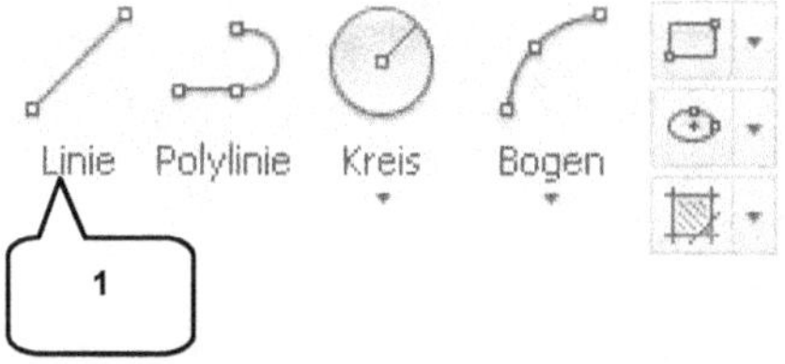

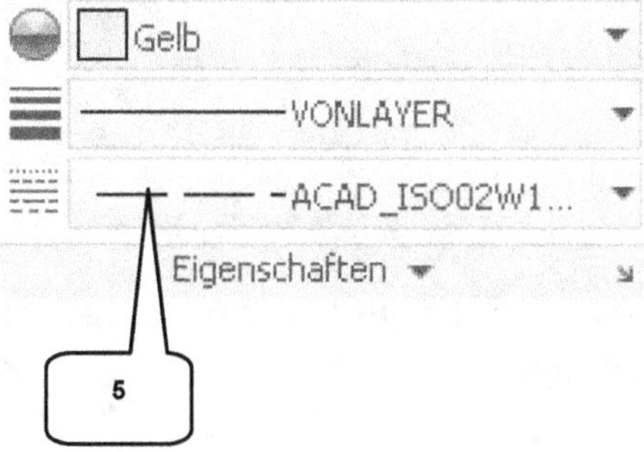

- ╱ **Linie** (1)
- Linienmittelpunkt (2) wählen
- Linienmittelpunkt (3) wählen
- **Taste: ESC**
- Linie markieren (4)
- ≡ **Linientyp** (5)
- Option: Sonstige
- [Laden...] Laden
- ISO Strichlinie _ _ _ _ _ _ _ _
- [OK]
- ISO Strichlinie _ _ _ _ _ _ _ _
- [OK]

Erzeugen Sie weitere Linien zwischen den restlichen Hallenpfeilerpaaren (in vertikaler und auch in horizontaler Richtung) mit denselben Eigenschaften.

4.7.7 Zeichnen der Wände

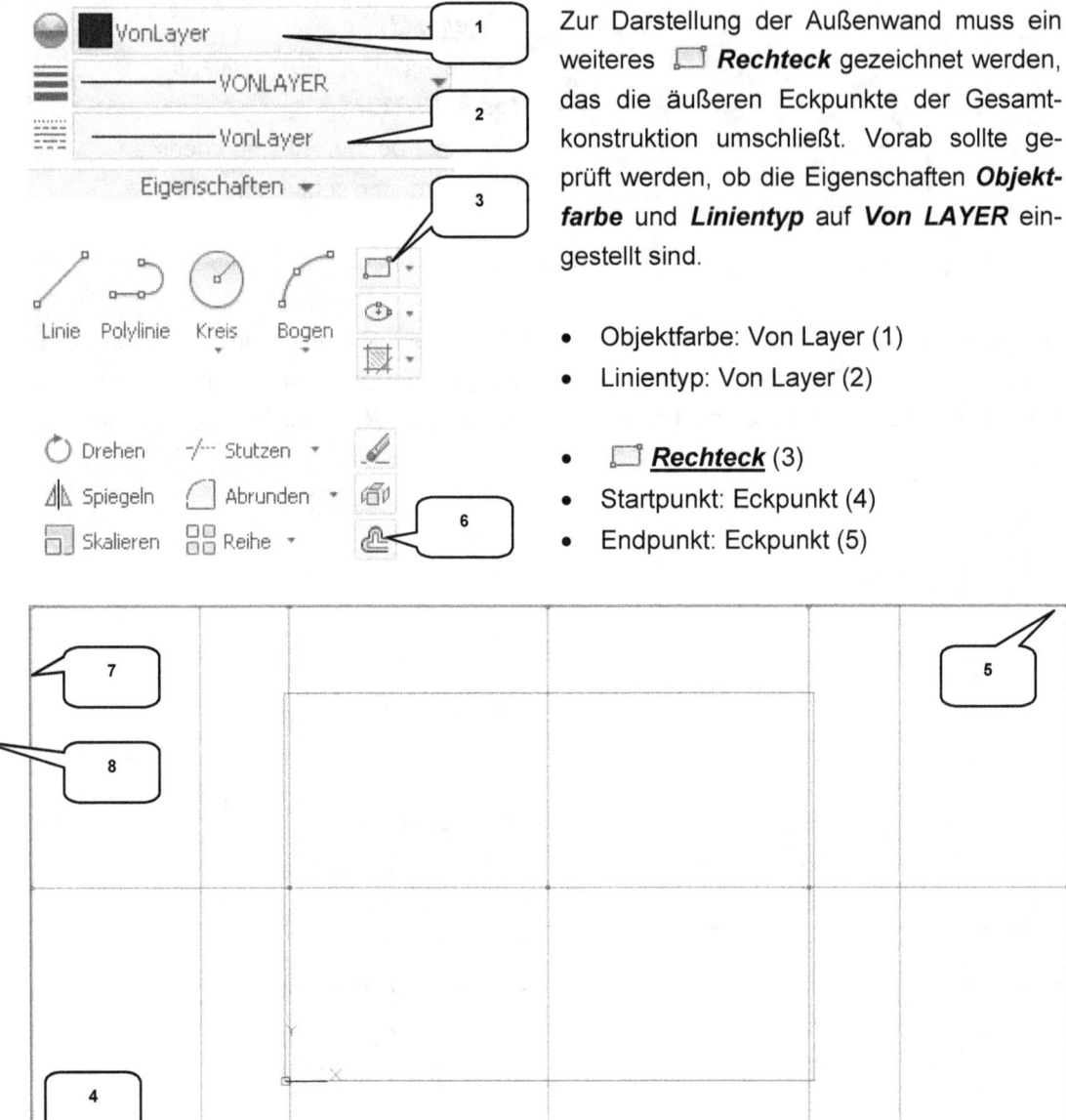

Zur Darstellung der Außenwand muss ein weiteres **Rechteck** gezeichnet werden, das die äußeren Eckpunkte der Gesamtkonstruktion umschließt. Vorab sollte geprüft werden, ob die Eigenschaften **Objektfarbe** und **Linientyp** auf **Von LAYER** eingestellt sind.

- Objektfarbe: Von Layer (1)
- Linientyp: Von Layer (2)

- **Rechteck** (3)
- Startpunkt: Eckpunkt (4)
- Endpunkt: Eckpunkt (5)

Versetzen Sie eine Kopie des zuletzt gezeichneten Rechtecks um 100 mm nach außen und zeichnen Sie fünf neue **Rechtecke** für den Sozialtrakt.

- Die Produktionshalle -

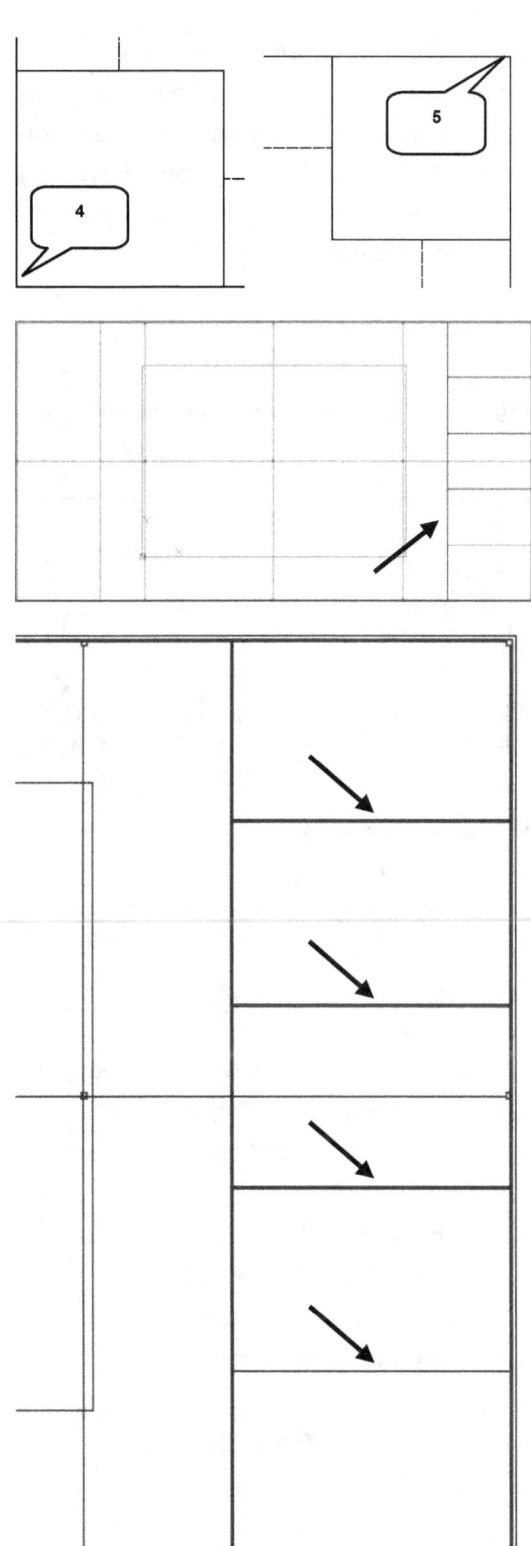

- **Versetzen** (6)
- Abstand: [100] eingeben
- *Taste: ENTER*
- Neues Rechteck wählen (7)
- Auf beliebigen Punkt außerhalb der gezeichneten Kontur klicken (8)
- *Taste: ESC*

- **Rechteck** (3)
- Erster Punkt: [36000] > Tab > [-5000]
- *Taste: ENTER*
- Zweiter Punkt: [50] > *Taste: TAB* > [32000] > *Taste: ENTER*

- **Rechteck** (3)
- Erster Punkt: [36050] > *Taste: TAB* > [1360] > *Taste: ENTER*
- Zweiter Punkt: [9950] > *Taste: TAB* > [50] > *Taste: ENTER*

- **Rechteck** (3)
- Erster Punkt: [36050] > *Taste: TAB* > [7770] > *Taste: ENTER*
- Zweiter Punkt: [9950] > *Taste: TAB* > [50] > *Taste: ENTER*

-
- **Rechteck** (3)
- Erster Punkt: [36050] > *Taste: TAB* > [14180] > *Taste: ENTER*
- Zweiter Punkt: [9950] > *Taste: TAB* > [50] > *Taste: ENTER*

- **Rechteck** (3)
- Erster Punkt: [36050] > *Taste: TAB* > [20590] > *Taste: ENTER*
- Zweiter Punkt: [9950] > *Taste: TAB* > [50] > *Taste: ENTER*

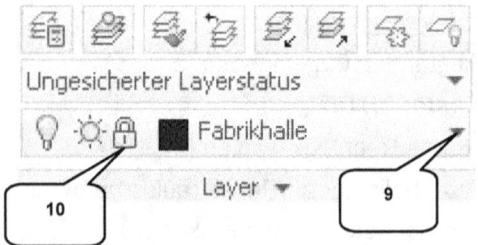

Der Layer **Fabrikhalle** ist zu sperren, um ihn bei den restlichen Arbeiten an der Zeichnung nicht unbeabsichtigt zu ändern. Erweitern Sie die Befehlsgruppe **Layer** (9) und klicken Sie in der Zeile **Fabrikhalle** auf das **Schlosssymbol** (10).

4.7.8 Der neue Layer: Regalsysteme

Starten Sie den **Layereigenschaften-Manager** und erstellen Sie einen neuen Layer **Regalsysteme** mit den folgenden Eigenschaften:

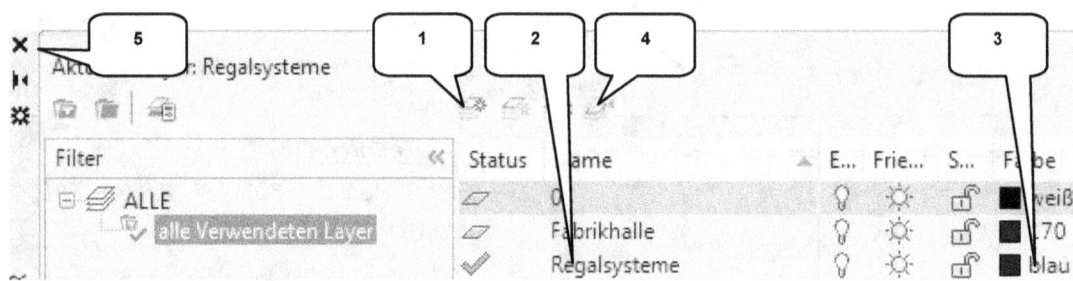

- **Layereigenschaften-Manager**
- Neuer Layer (1)
- Name: [Regalsysteme] (2)
- Farbe: [Blau] (3)
- Layer aktivieren (4)
- Layereigenschaften schließen (5)

4.7.9 Zeichnen der Regale mit einer Polylinie

Im folgenden Kapitel sollen parametrische Abhängigkeiten verwendet werden. Vorbereitend hierfür ist eine möglichst schräge Kontur zu zeichnen. Verwenden Sie den Befehl **Polylinie**, um die folgende Kontur außerhalb der vorhandenen Halle zu zeichnen.

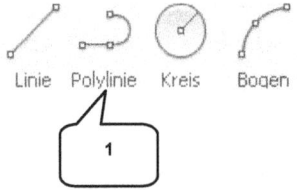

- **Polylinie** (1)
- Ersten Punkt frei ablegen (2)
- Zweiten Punkt frei ablegen (3)
- Dritten Punkt frei ablegen (4)
- Vierten Punkt frei ablegen (5)
- Eingabe: [S] > **Taste: ENTER**

- Die Produktionshalle-

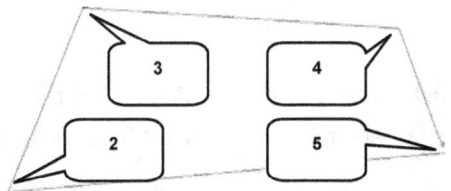

Wichtig ist, dass die Kontur mit der Tastatureingabe [S] geschlossen wird. Die Linien sind schräg zu zeichnen! Die genaue Position der Kontur im Zeichenbereich ist vorerst nicht relevant.

4.7.10 Setzen geometrischer Formabhängigkeiten

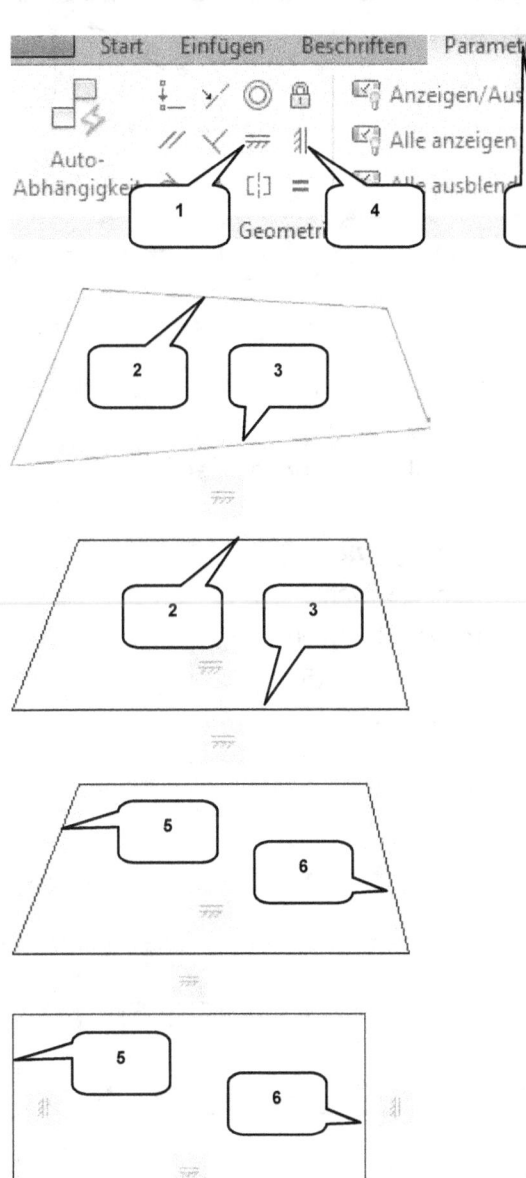

In der folgenden Übung sollen geometrische Abhängigkeiten verwendet werden, um die zuletzt gezeichnete Kontur in Form zu bringen. Öffnen Sie zuerst das Register **Parametrisch** (1). Mit der Abhängigkeit ⋯ **Horizontal** sollen die Linien (2,3) parallel zur X-Achse angeordnet und mit der Abhängigkeit **Vertikal** sollen die Linien (5,6) parallel zur Y-Achse angeordnet werden.

- ⋯ **_Horizontal_** (1)
Markierte Linie (2) wählen

- ⋯ **_Horizontal_** (1)
Markierte Linie (3) wählen

- **_Vertikal_** (4)
Markierte Linie (5) wählen

- **_Vertikal_** (4)
Markierte Linie (6) wählen

Das Ergebnis ist ein Rechteck mit veränderlicher Größe, aber horizontalen und vertikalen Abhängigkeiten, die durch die entsprechenden Symbole dargestellt werden.

4.7.11 Setzen parametrischer Bemaßungsabhängigkeiten

Verwenden Sie die Befehle **Horizontal** und **Vertikal**, um dem Rechteck zwei parametrische Bemaßungen zuzuweisen, deren genaue Werte allerdings noch nicht festzulegen sind.

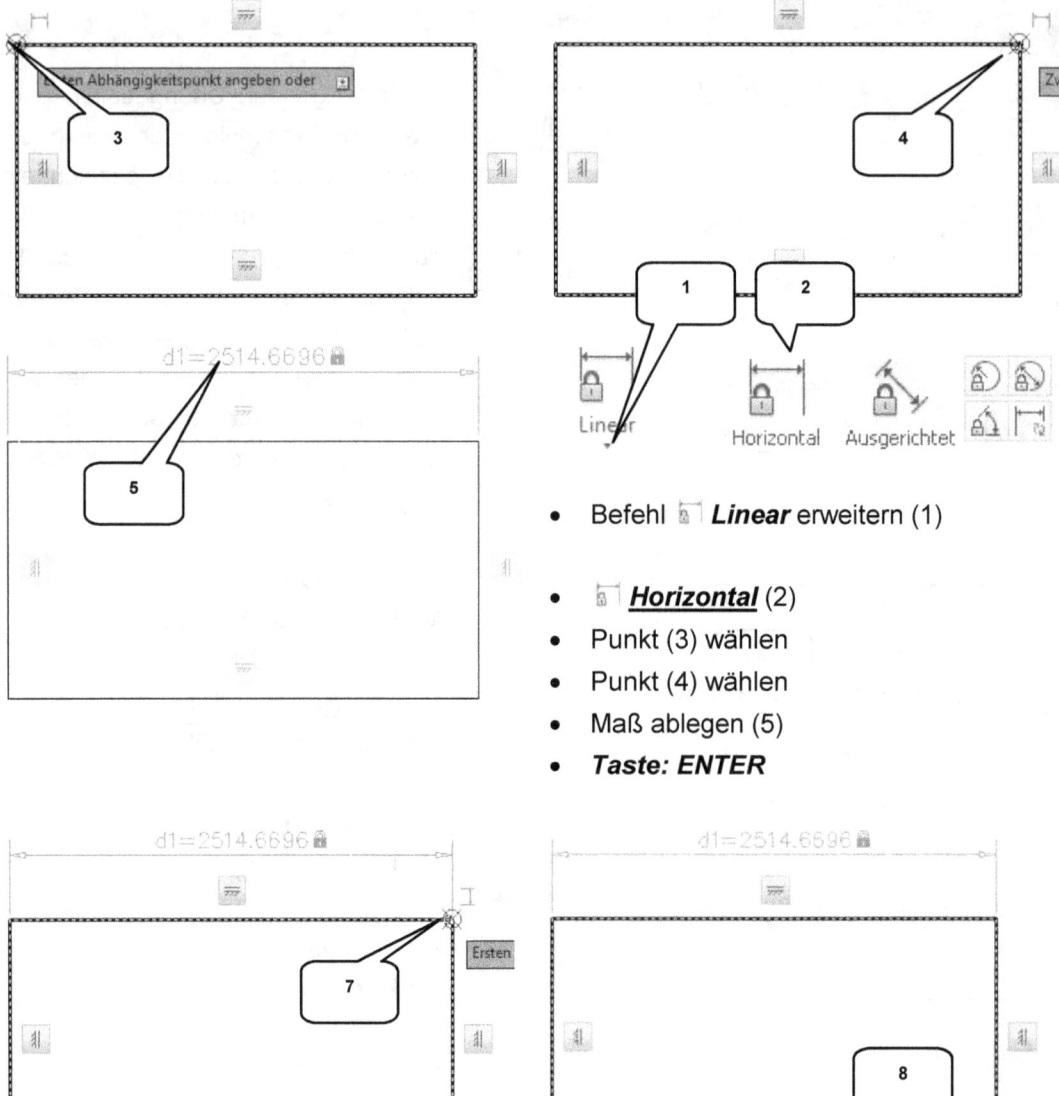

- Befehl **Linear** erweitern (1)
- **_Horizontal_** (2)
- Punkt (3) wählen
- Punkt (4) wählen
- Maß ablegen (5)
- **Taste: ENTER**

- Die Produktionshalle -

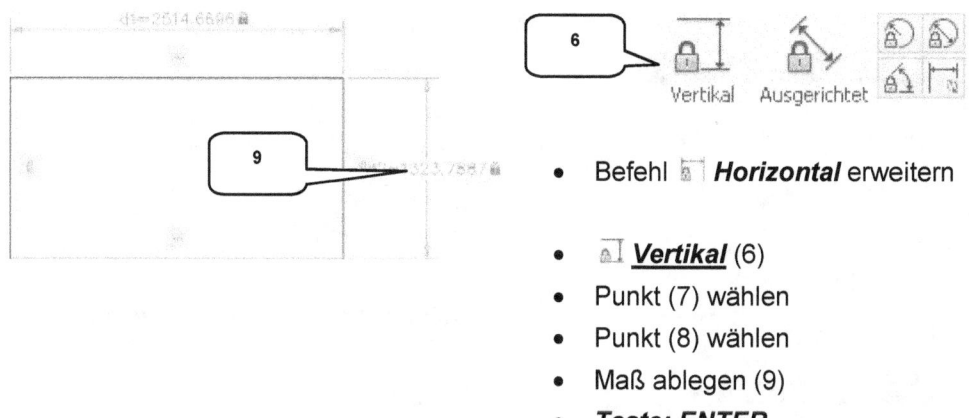

- Befehl Horizontal erweitern

- **Vertikal** (6)
- Punkt (7) wählen
- Punkt (8) wählen
- Maß ablegen (9)
- **Taste: ENTER**

Verwenden Sie den Befehl **Kopieren** (Register **Start**), um das Rechteck einmal zu kopieren und seine Kopie rechts neben dem Original abzulegen. Die genaue Position ist hierbei nicht relevant.

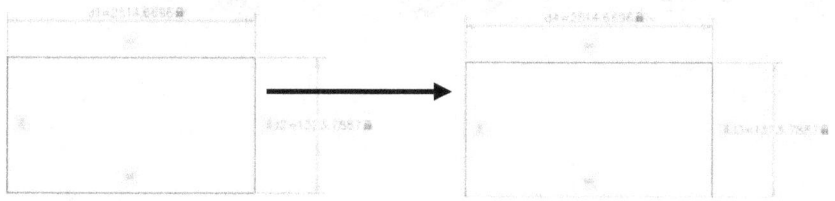

4.7.12 Bearbeiten der parametrischen Maße mit dem Parameter-Manager

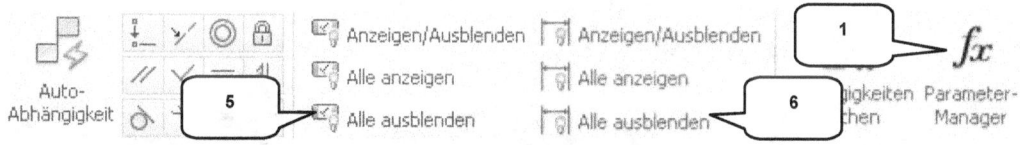

In der folgenden Übung sollen die parametrischen Bemaßungen der beiden Rechtecke voneinander abhängig gemacht und durch einfache Gleichungssysteme miteinander verknüpft werden. Starten Sie den fx **Parameter-Manager** und ändern Sie die vorhandenen Werte der Spalten **Name** und **Ausdruck** wie in der folgenden Abbildung dargestellt. Achten Sie darauf, zuerst die gesamte Spalte **Name**, dann erst die Spalte **Ausdruck** zu ändern.

- fx **Parameter-Manager** (1)
- Die folgenden Änderungen in der Spalte **Name** übernehmen:

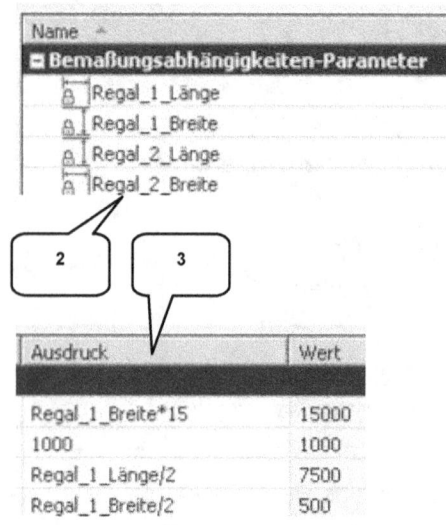

Änderungen in der Spalte **Name** (2):

- [Regal_1_Länge]
- [Regal_1_Breite]
- [Regal_2_Länge]
- [Regal_2_Breite]

Änderungen in der Spalte **Ausdruck** (3):

- [Regal_1_Breite * 15]
- [1000]
- [Regal_1_Länge / 2]
- [Regal_1_Breite / 2]

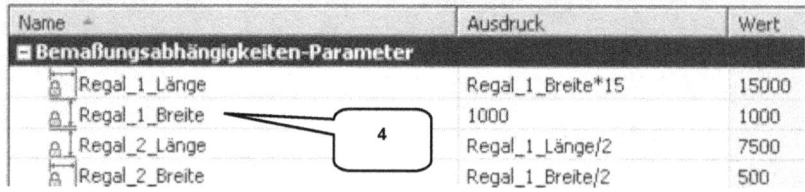

Alle Werte werden jetzt durch den Parameter **Regal_1_Breite** (4) gesteuert. ✖ *Schließen* Sie den Parameter-Manager und blenden Sie anschließend alle *geometrischen Abhängigkeiten* (5) sowie *Bemaßungsabhängigkeiten* (6) aus.

4.7.13 Positionieren und Anordnen der Regale

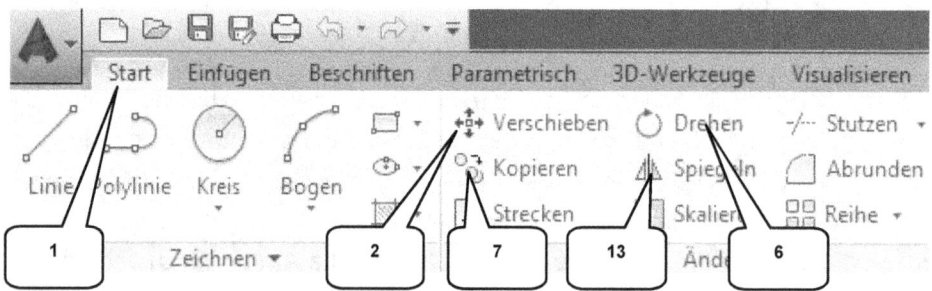

Wechseln Sie ins Register **Start** und verwenden Sie den Befehl *Verschieben*, um das erste Rechteck zu positionieren.

- Die Produktionshalle -

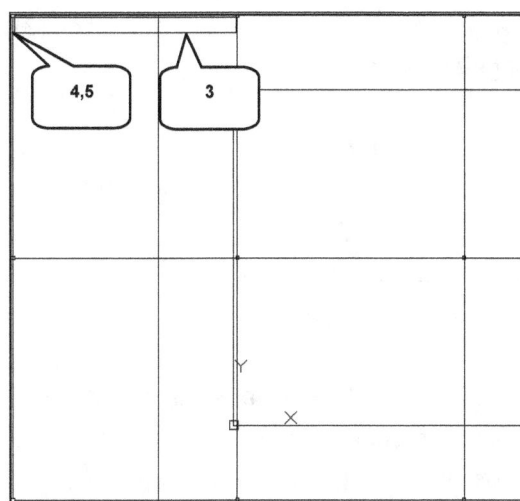

- Register **Start** öffnen (1)
- ✥ **Verschieben** (2)
- Rechteck (1000 x 15000) wählen (3)
- **Taste: ENTER**
- Basispunkt wählen (4)
- Zielpunkt wählen (5)

HINWEIS: *Sollte das Rechteck anders als hier dargestellt liegen, muss es eventuell um 90 Grad ↻ gedreht (6) werden (Option Abhängigkeit abschwächen).* **!**

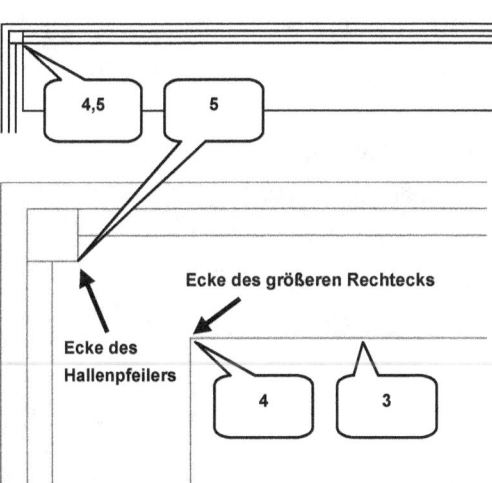

Mit dem Befehl ⁰⁵ **Kopieren** sollen rechts neben dem größeren Rechteck zwei weitere Rechtecke erzeugt werden.

- ⁰⁵ **Kopieren** (7)
- Rechteck (1000 x 15000) wählen (3)
- **Taste: ENTER**
- Startpunkt wählen (5)
- Maus waagerecht nach rechts ziehen
- Wert: [15200] > **Taste: ENTER**
- Wert: [30400] > **Taste: ENTER**
- **Taste: ESC**

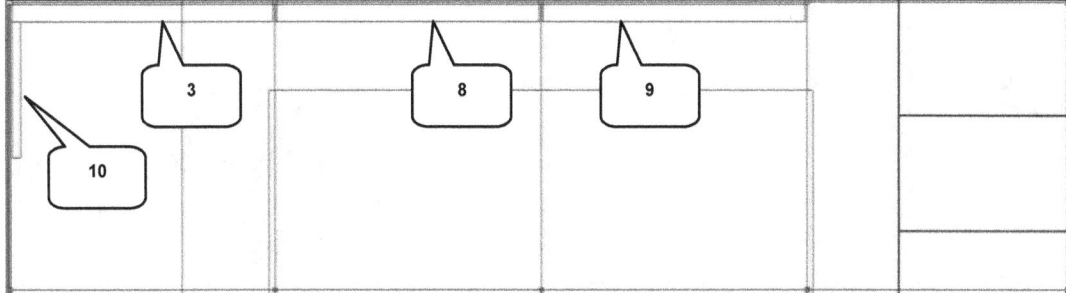

Die beiden neuen Rechtecke sollten wie in der oberen Abbildung dargestellt angeordnet worden sein (8, 9).

- Die Produktionshalle -

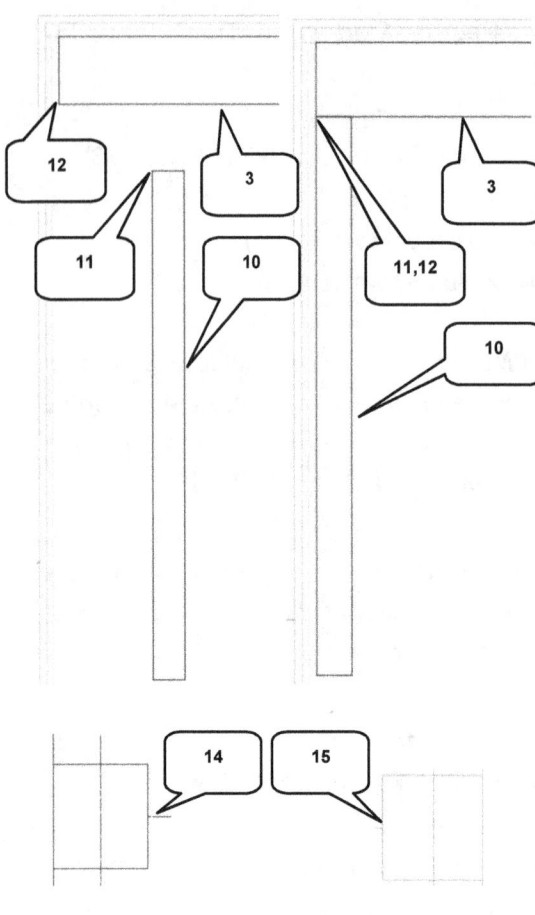

Das Rechteck (10) soll an das Rechteck (3) angelegt werden.

- ✥ **<u>Verschieben</u>** (2)
- Rechteck (500 x 7500) wählen (10)
- *Taste: ENTER*
- Basispunkt wählen (11)
- Zielpunkt wählen (12)

Mit dem Befehl ◭ *Spiegeln* sollen die vier zuletzt erzeugten Rechtecke auf die untere Seite der Halle gespiegelt werden.

- ◭ **<u>Spiegeln</u>** (13)
- Nacheinander die Rechtecke (3,8,9 und 10) wählen
- *Taste: ENTER*
- Markierten Punkt wählen (14)
- Markierten Punkt wählen (15)
- Quellobjekt löschen? [N]
- *Taste: ENTER*

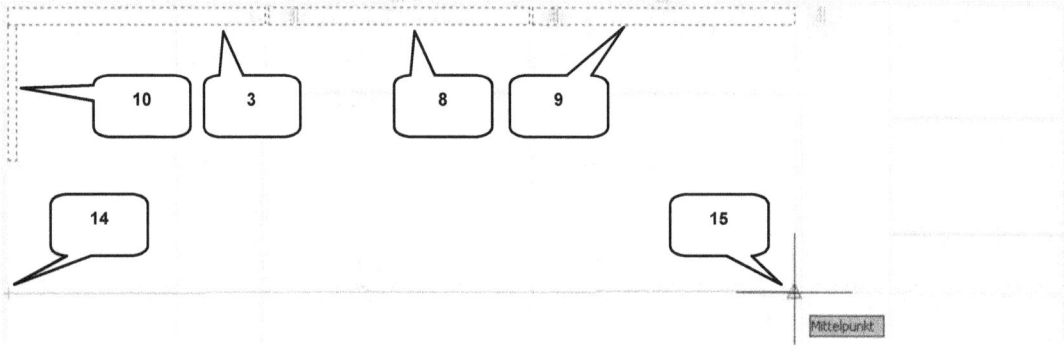

HINWEIS: Die Spiegelachse (14, 15) ist die horizontale Verbindungslinie zwischen den beiden mittleren Hallenpfeilern. ❗

4.8 Der Außenbereich
4.8.1 Der neue Layer: Außenbereich

Starten Sie den 🗐 **Layereigenschaften-Manager** und erstellen Sie einen neuen Layer **Außenbereich** mit den folgenden Eigenschaften:

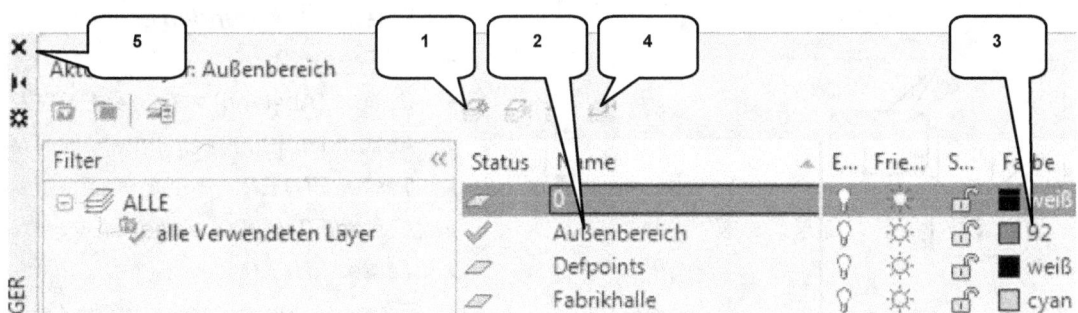

- 🗐 **Layereigenschaften-Manager**
- 🗐 Neuer Layer (1)
- Name: [Außenbereich] (2)
- Farbe: [92] (3)
- Layer aktivieren (4)
- Layereigenschaften schließen (5)

4.8.2 Der LKW-Anlieferbereich

Der Bereich für alle Waren, die mit dem LKW angeliefert werden, soll mit einer ⌐ **Polylinie** gezeichnet werden.

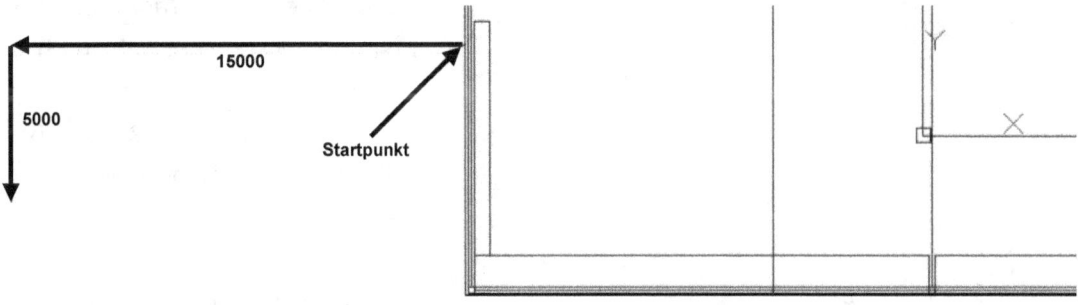

- ⌐ **Polylinie** (1)
- Startpunkt: [-15100] > **Taste: TAB** > [2950] > **Taste: ENTER**
- Linie 15000 mm nach links zeichnen
- Linie 5000 mm nach unten zeichnen
- **Taste: ESC**

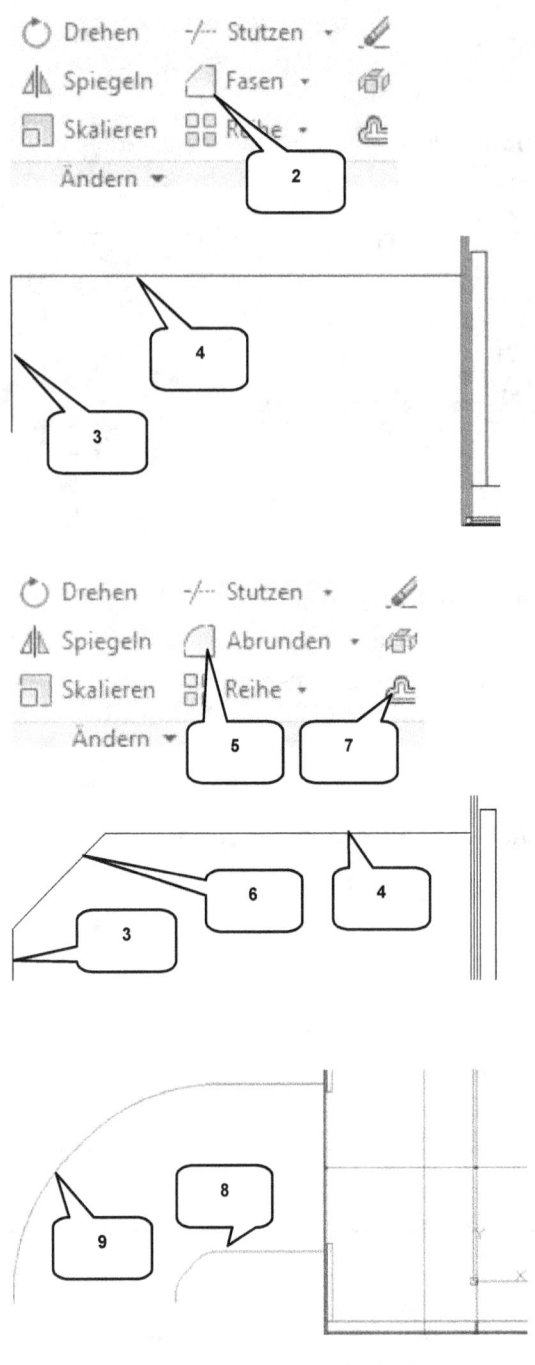

Die Polylinie soll mit einer Fase versehen werden. Der Befehl ⌂ **Fasen** befindet sich hinter dem Befehl ⌂ **Abrunden**.

- Befehl ⌂ **Abrunden** erweitern
- ⌂ **Fasen** (2)
- Option: [Abstand] > **Taste: ENTER**
- Abstand 1: [3000] eingeben
- **Taste: ENTER**
- Abstand 2: [3000] eingeben
- **Taste: ENTER**
- Erstes Liniensegment wählen (3)
- Zweites Liniensegment wählen (4)

Die Polylinie soll abschließend ⌂ **abgerundet** und ⌂ **versetzt** werden.

- Befehl ⌂ **Fasen** erweitern
- ⌂ **Abrunden** (5)
- Option: [Radius] > **Taste: ENTER**
- [2000] > **Taste: ENTER**
- Option: [Mehrere] > **Taste: ENTER**
- Erstes Liniensegment wählen (3)
- Zweites Liniensegment wählen (6)
- Zweites Liniensegment wählen (6)
- Drittes Liniensegment wählen (4)
- **Taste: ESC**

- ⌂ **Versetzen** (7)
- Abstand: [16100]
- **Taste: ENTER**
- Zu versetzendes Objekt wählen (8)
- Auf beliebigen Punkt im Bereich (9) klicken
- **Taste: ESC**

- Der Außenbereich -

4.8.3 Die PKW-Parkplätze

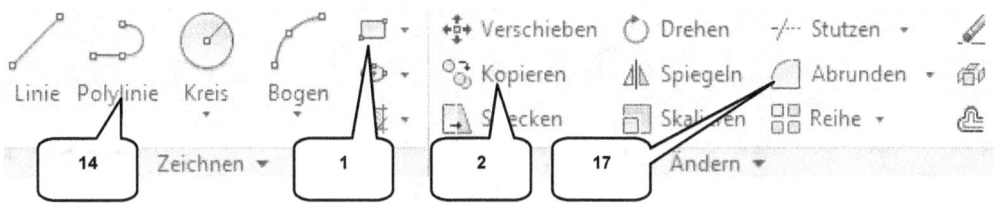

Personal und Kundschaft benötigen Parkplätze für die PKW. Diese sollen rechts neben der Fabrikhalle angeordnet werden. Zeichnen Sie ein **Rechteck** und **kopieren** Sie es anschließend neun Mal.

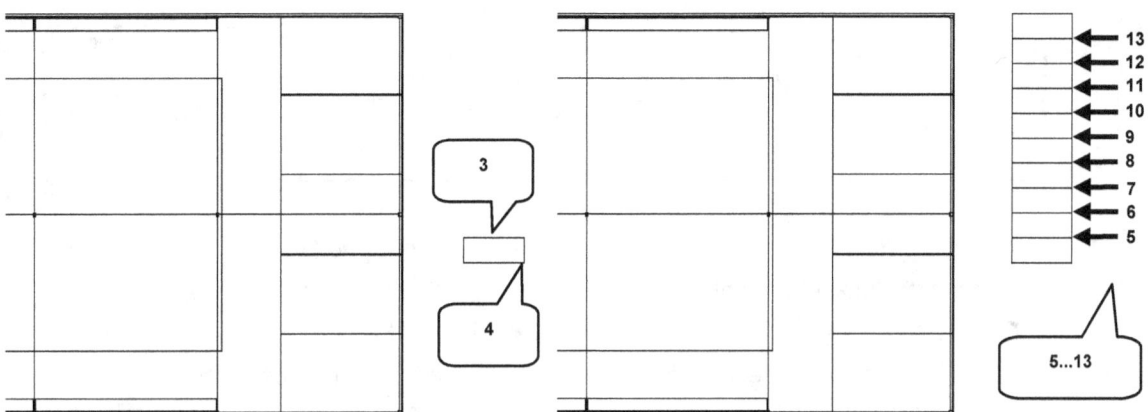

- **Rechteck** (1)
- Erster Punkt: [51100] > **Taste: TAB** > [7100]
- **Taste: ENTER**
- Zweiter Punkt: [5000] > **Taste: TAB** > [2000]
- **Taste: ENTER**

- **Kopieren** (2)
- Rechteck wählen (3)
- **Taste: ENTER**
- Basispunkt wählen (4)
- Nacheinander die Einfügepunkte (5 bis 13) anklicken
- **Taste: ESC**

Zwei **Polylinien** stellen die Abgrenzung des Parkbereichs dar. Zeichnen Sie die beiden Linien und runden Sie diese anschließend ab.

- Der Außenbereich -

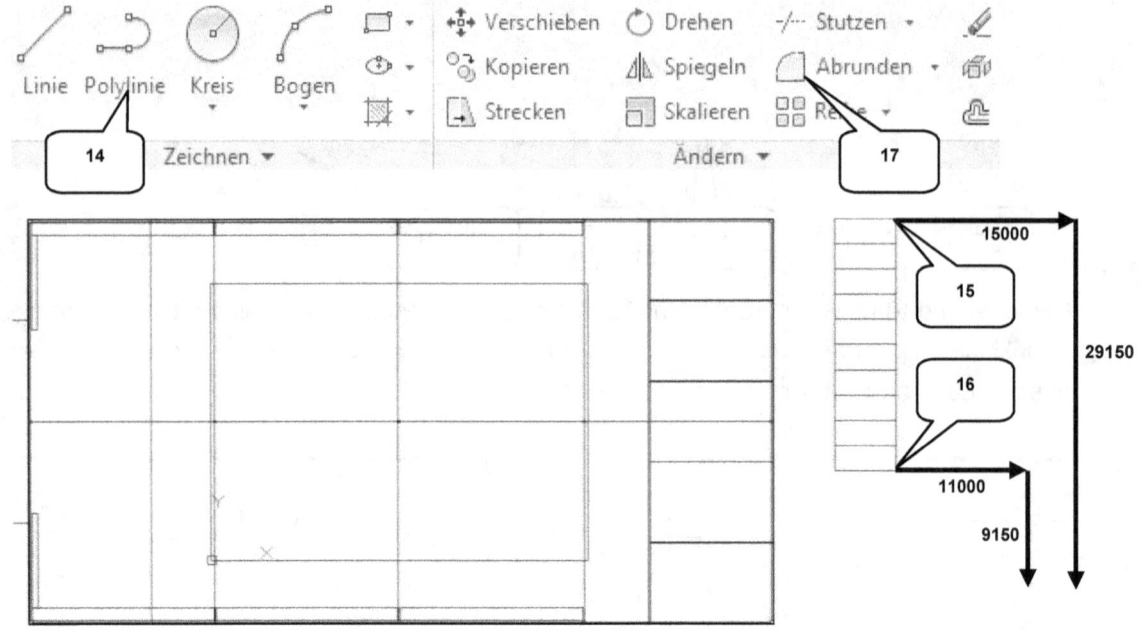

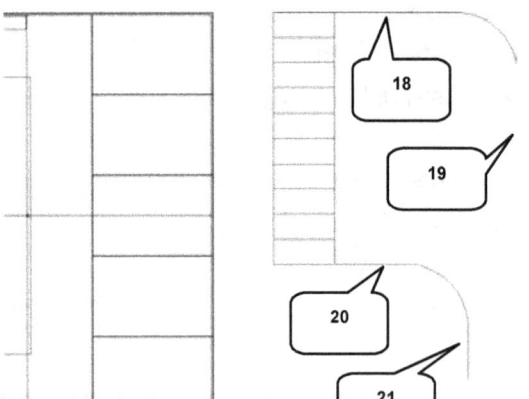

- **Polylinie** (14)
- Startpunkt: Punkt (15) wählen
- **Taste: ENTER**
- Linie 15000 mm nach rechts zeichnen
- Linie 29150 mm nach unten zeichnen
- **Taste: ESC**

- **Polylinie** (14)
- Startpunkt: Punkt (16) wählen
- **Taste: ENTER**
- Linie 11000 mm nach rechts zeichnen
- Linie 9150 mm nach unten zeichnen
- **Taste: ESC**

- **Abrunden** (17)
- Option: [Radius] > **Taste: ENTER**
- Radius: [5000] > **Taste: ENTER**
- Option: [Mehrere] > **Taste: ENTER**
- Linie (18) wählen
- Linie (19) wählen
- Linie (20) wählen
- Linie (21) wählen
- **Taste: ESC**

Im nächsten Schritt sollen einige Liniensegmente mit dem Befehl **Stutzen** gelöscht werden.

- Der Außenbereich -

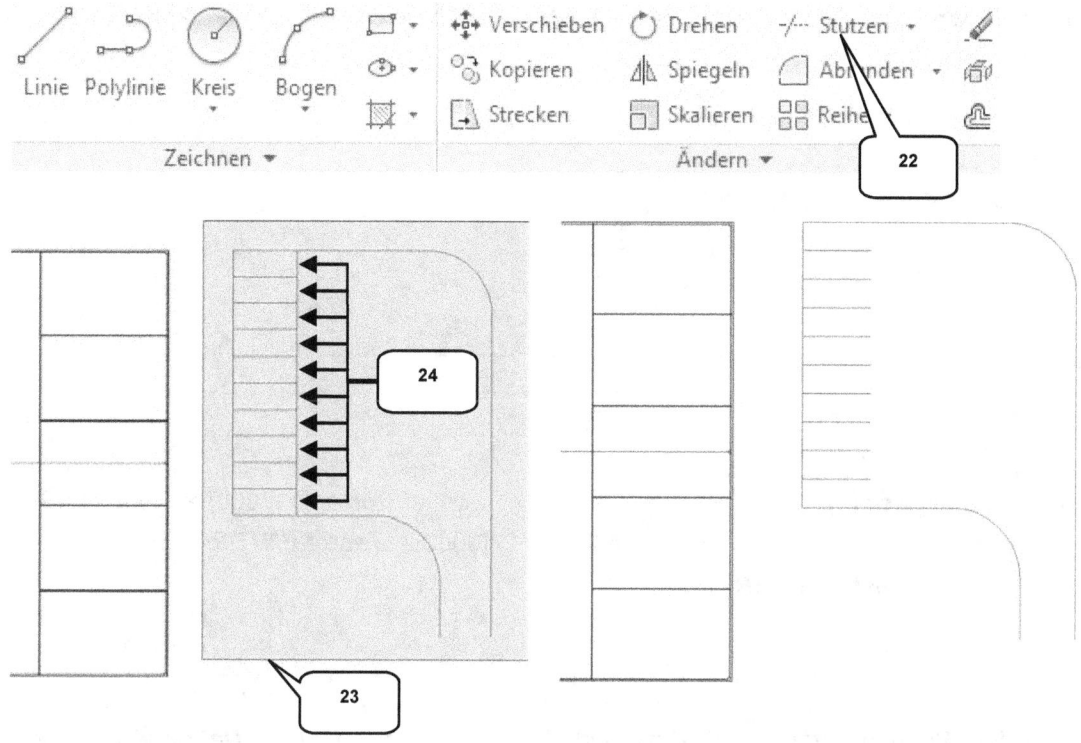

- -/-- **_Stutzen_** (22)
- Bei gedrückter linker Maustaste einen Rahmen über den gesamten PKW-Parkbereich aufziehen (23)
- **Taste: ENTER**

- Nacheinander die 10 markierten Linien anklicken (24)
- **Taste: ESC**

HINWEIS: Der Befehl -/-- **Stutzen** erfordert vor der Auswahl der zu stutzenden Linien eine Markierung aller am Schnitt beteiligten Linien. Hier kann jede Linie einzeln markiert oder bei gedrückter linker Maustaste ein Rahmen über den gesamten Bereich aufgezogen werden.

4.8.4 Die Hauptstraße

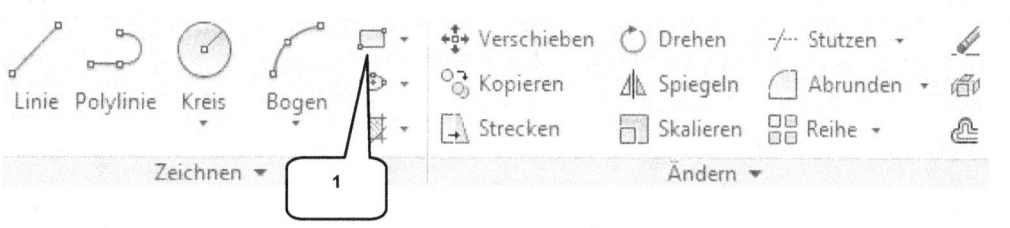

Eine **Straße** soll auf dem Fabrikgelände LKW-Anlieferbereich und PKW-Parkplatz miteinander verbinden. Zeichnen Sie hierfür das folgende **Rechteck**:

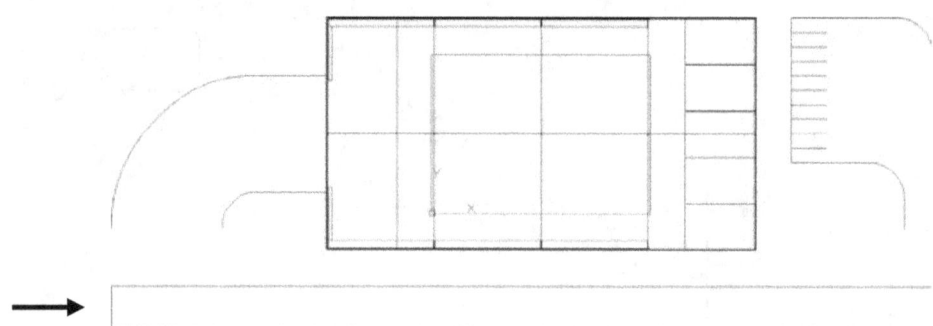

- **Rechteck** (1)
- Erster Punkt: [-46200] > *Taste: TAB* > [-16100] > *Taste: ENTER*
- Zweiter Punkt: [117300] > *Taste: TAB* > [6000] > *Taste: ENTER*

4.8.5 LKW- und PKW-Bereiche mit der Hauptstraße verbinden

Erweitern Sie den Befehl **Stutzen** und starten Sie den Befehl **Dehnen**. Verlängern Sie nacheinander alle Liniensegmente des LKW-Anlieferbereiches und des PKW-Parkplatzes bis zum zuletzt gezeichneten Rechteck. Stutzen Sie sie anschließend.

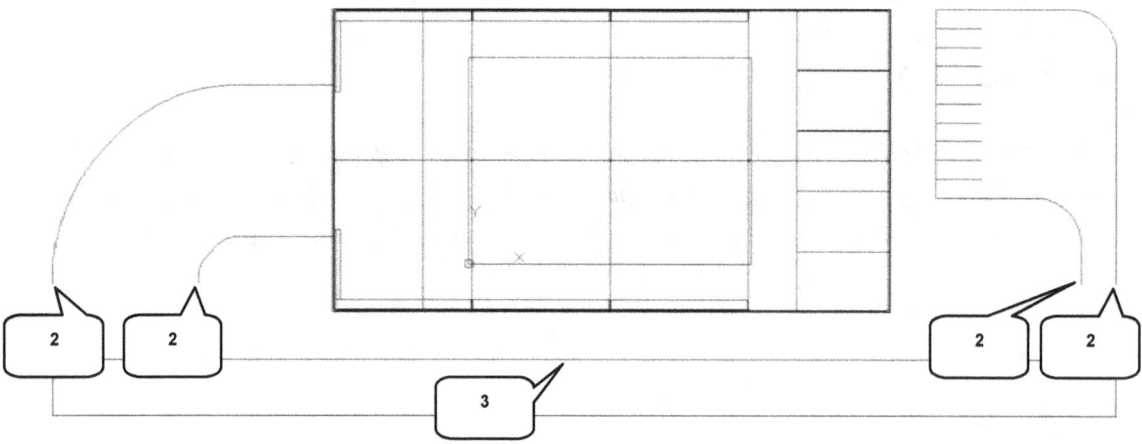

- Der Außenbereich -

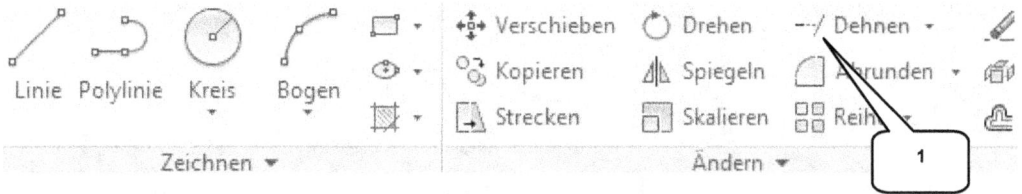

- Befehl -/- **Stutzen** erweitern
- -/- **Dehnen** (1)
- Die vier Polylinien (2) und das Rechteck (3) markieren
- **Taste: ENTER**

- Nacheinander die unteren Linienenden der vier Polylinien (2) wählen
- **Taste: ESC**

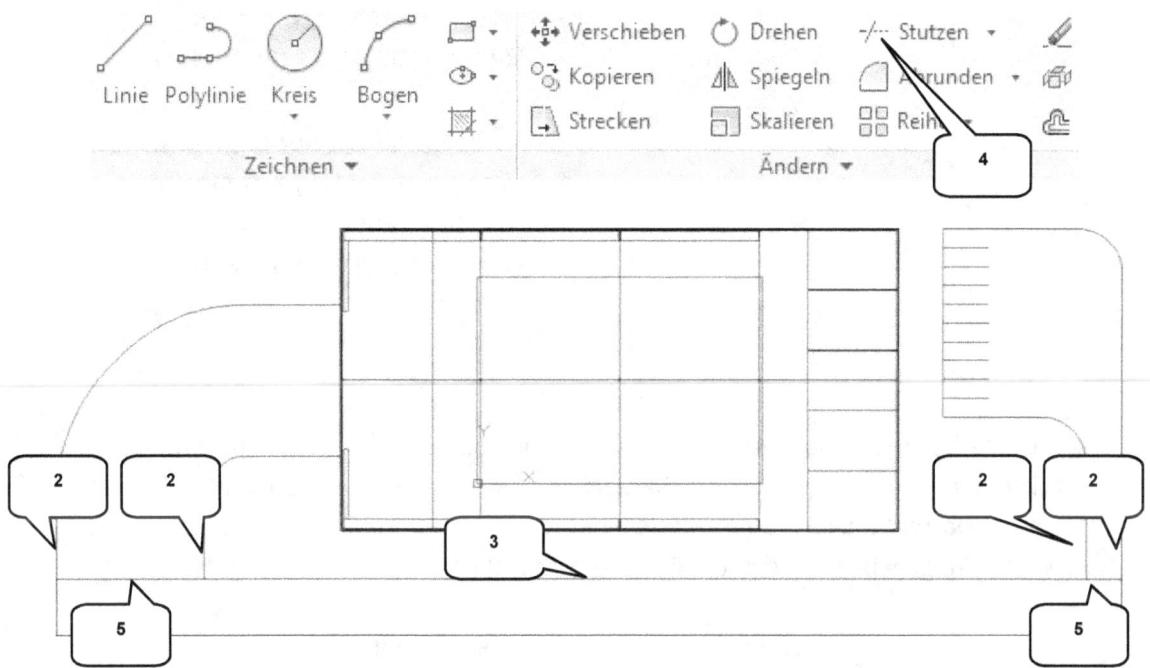

- Befehl -/- **Dehnen** erweitern
- -/- **Stutzen** (4)
- Vier Polylinien (2) und das Rechteck (3) markieren
- **Taste: ENTER**

- Nacheinander die beiden zu stutzenden Liniensegmente (5) wählen
- **Taste: ESC**

4.8.6 Die Wasserspeicher

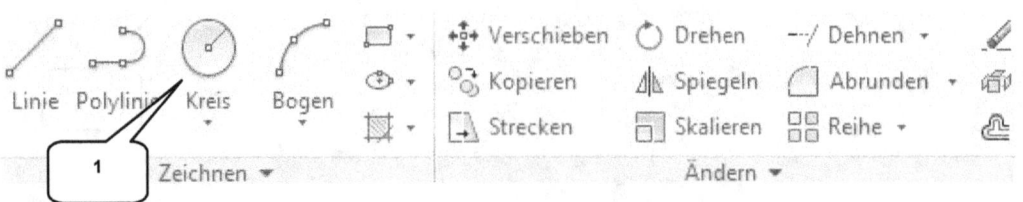

Die Produktionslinie benötigt zur Vorratsspeicherung des Quellwassers zwei **Wassertanks**, die in der 2D-Zeichnung durch zwei ⊙ **Kreise** symbolisiert werden sollen.

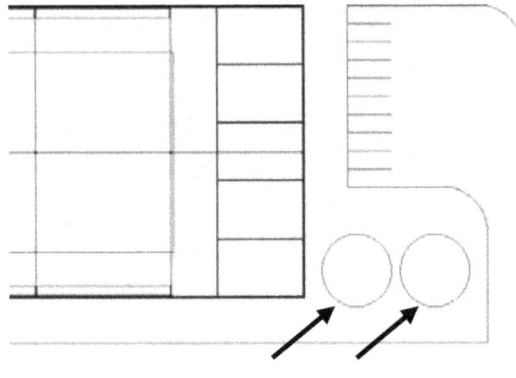

- ⊙ **_Kreis (Mittelpunkt und Radius)_** (1)
- Mittelpunkt: [52100] > **Taste: TAB**
- [-2100] > **Taste: ENTER**
- Radius: [4000] > **Taste: ENTER**

- ⊙ **_Kreis (Mittelpunkt und Radius)_** (1)
- Mittelpunkt: [61100] > **Taste: TAB**
- [-2100] > **Taste: ENTER**
- Radius: [4000] > **Taste: ENTER**

4.8.7 Bereinigen der Zeichnung

Die gesamte Zeichnung soll jetzt von nicht benötigten Objekten (Blöcken, Layern, Gruppen und Stilen) bereinigt werden, um die Dateigröße zu minimieren. Verwenden Sie hierfür die Befehle △ **Doppelte Objekte löschen** und **Bereinigen**. Vorab muss der Layer Fabrikhalle wieder freigegeben werden, da dieser sonst nicht bearbeitet werden würde.

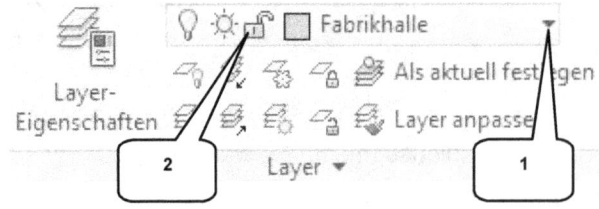

- Befehlsgruppe **Layer** erweitern (1)
- Layer **Fabrikhalle** entsperren (2)

Das Schloss des Layers **Fabrikhalle** sollte jetzt wieder geöffnet sein. Erweitern Sie jetzt die Befehlsgruppe **Ändern** und starten Sie den Befehl △ **Doppelte Objekte löschen**.

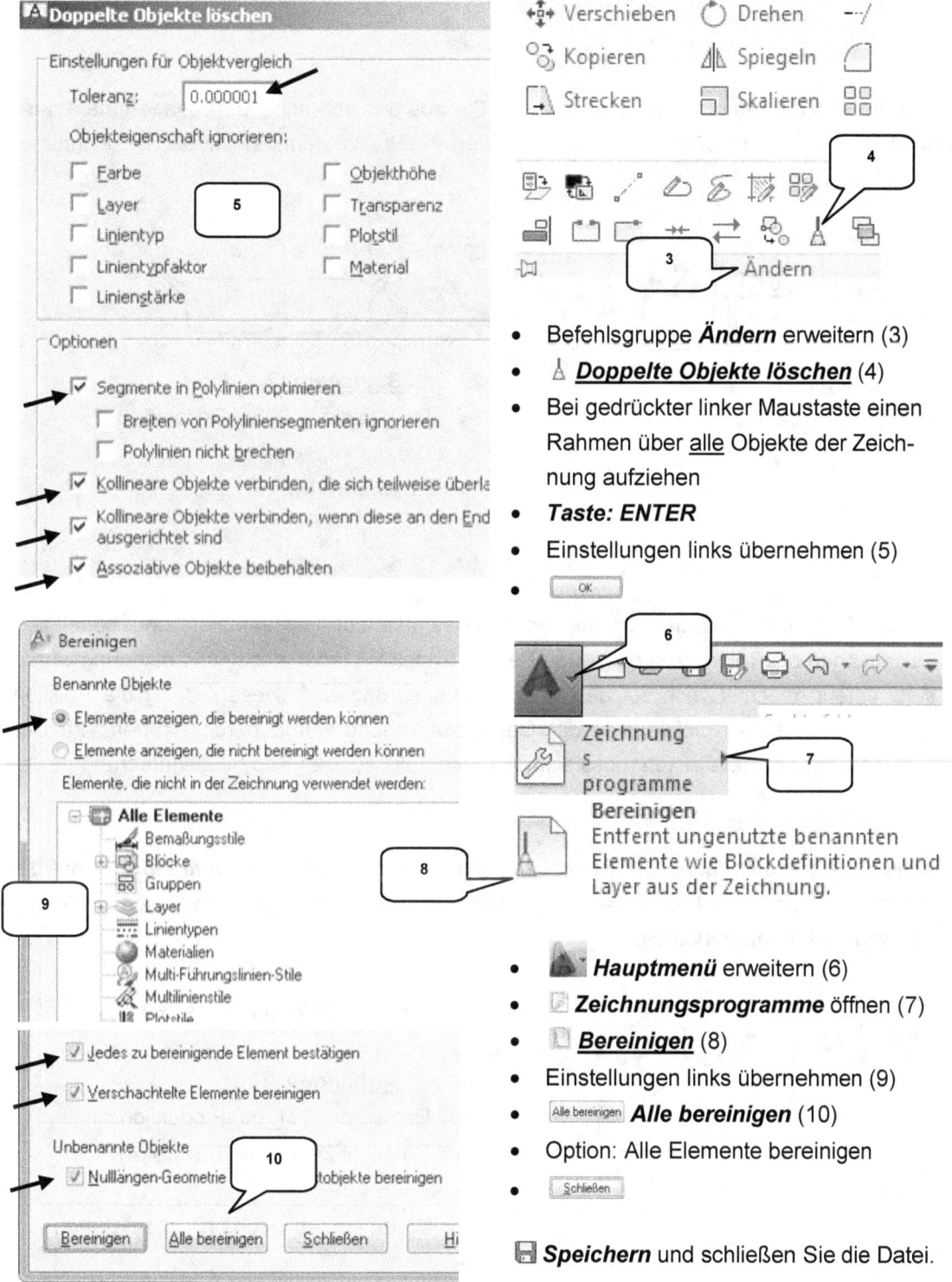

- Befehlsgruppe **Ändern** erweitern (3)
- △ ***Doppelte Objekte löschen*** (4)
- Bei gedrückter linker Maustaste einen Rahmen über alle Objekte der Zeichnung aufziehen
- **Taste: ENTER**
- Einstellungen links übernehmen (5)
- OK

- **Hauptmenü** erweitern (6)
- ***Zeichnungsprogramme*** öffnen (7)
- ***Bereinigen*** (8)
- Einstellungen links übernehmen (9)
- **Alle bereinigen** (10)
- Option: Alle Elemente bereinigen
- Schließen

Speichern und schließen Sie die Datei.

4.9 Das gesamte Fabrikgelände
4.9.1 Erzeugen einer neuen Zeichnung

Starten Sie den Befehl **Neu** und wählen Sie aus den vorhandenen Vorlagen die **acadiso.dwt** aus. **Speichern** Sie die Zeichnung im Projektordner unter der Bezeichnung: **00_00_Gesamt**.

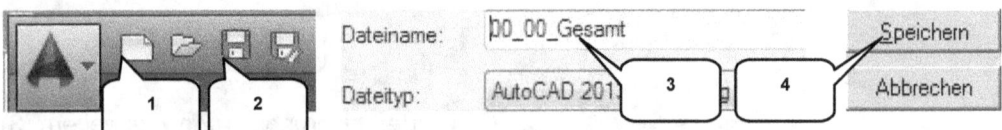

- **Neu** (1)
- Vorlage: acadiso.dwt
- Öffnen

- **Speichern** (2)
- Dateiname: [00_00_Gesamt] (3)
- Dateityp: *.dwg
- **Speichern** (4)

4.9.2 Einfügen der Produktionslinie als Referenz

In den folgenden Übungen werden schrittweise alle zur Gesamtdarstellung benötigten Zeichnungen als Referenzen eingefügt. Bei der Erstellung jeder einzelnen Zeichnung wurde stets darauf geachtet, sich auf den Koordinatenursprung zu beziehen, d. h., die Position jedes geometrischen Objektes in der Gesamtdarstellung wurde bereits vordefiniert. Der Einfügepunkt der Referenzen muss sich also ebenfalls auf den Koordinatenursprung beziehen.

Achten Sie beim Einfügen der Referenzen darauf, sich im Bereich **Einfügepunkt** auf die Koordinaten **X=0**, **Y=0** und **Z=0** zu beziehen. Importieren Sie zuerst die Zeichnung **01_00_Produktionslinie.dwg**.

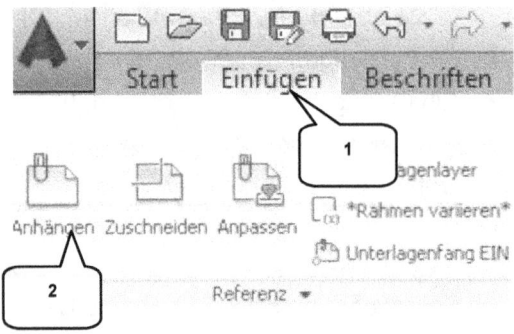

- Register **Einfügen** aktivieren (1)
- **Anhängen** (2)
- Dateiname: [01_00_Produktionslinie] (3)
- Dateityp: Zeichnung (*.dwg) (4)
- Öffnen (5)
- Werte aus Abbildung (6) übernehmen
- OK (7)

- Das gesamte Fabrikgelände -

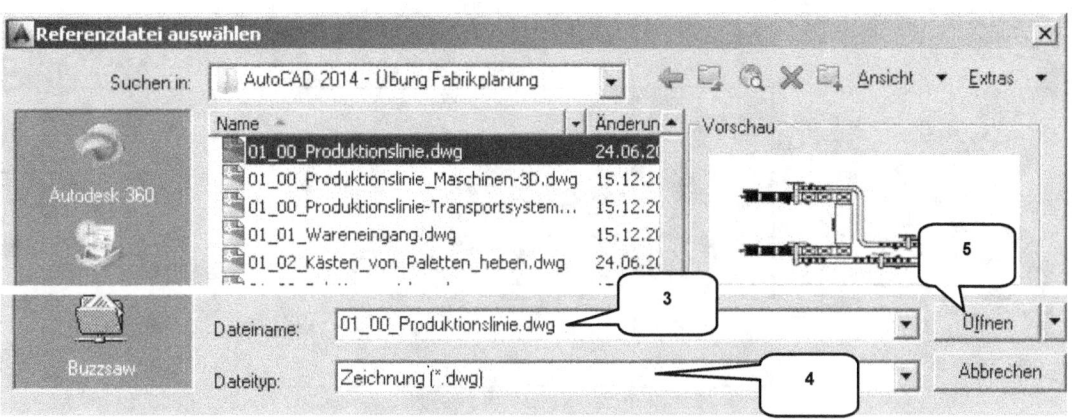

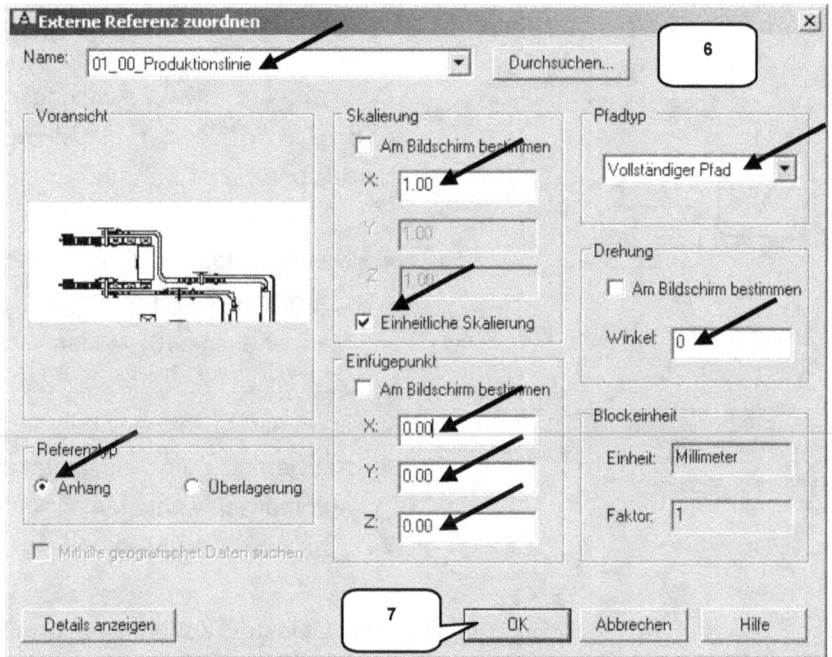

Aktivieren Sie am **ViewCube** die Ansicht **OBEN** (8), um die Zeichnung auszurichten. Wiederholen Sie den Befehl **Anhängen** und importieren Sie die folgende Datei:

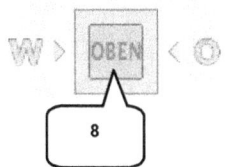

- **_Anhängen_** (2)
- Dateiname:
- [02_00_Fabrikhalle_mit_ Außenbereich]
- Öffnen
- Werte aus Abbildung (6) übernehmen
- OK

- Das gesamte Fabrikgelände -

4.9.3 Bearbeiten einer Referenz innerhalb der Gesamtzeichnung

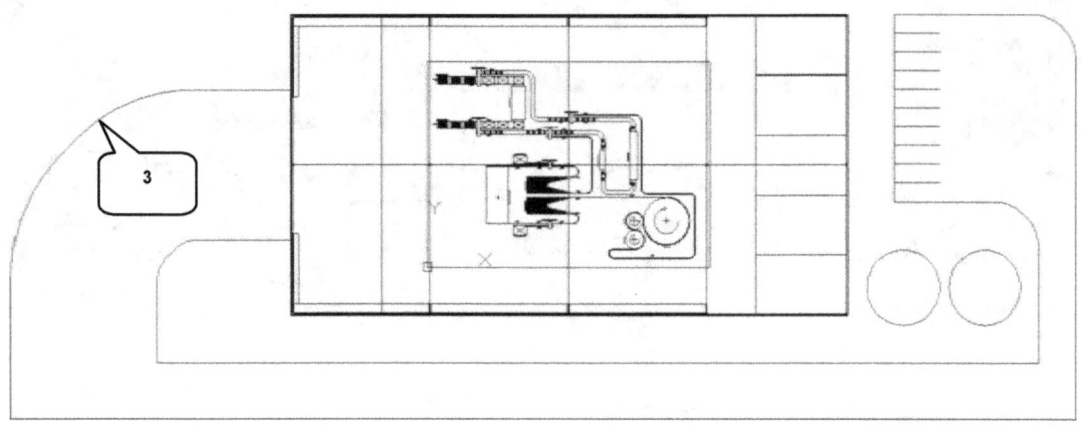

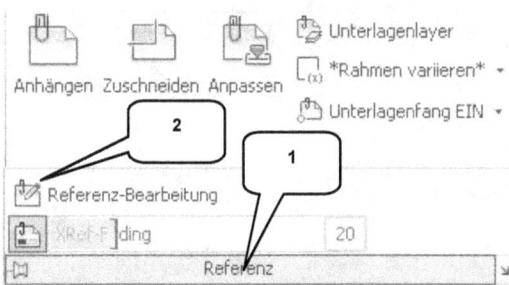

Die referenzierte Zeichnung **Fabrikhalle.dwg** soll aus der aktuellen Zeichnung heraus bearbeitet werden.

- Befehlsgruppe **Referenzen** erweitern (1)
- **_Referenz-Bearbeitung_** (2)
- Markierte Linie (3) wählen
- OK
- Im Fenster: Referenz bearbeiten
- Aktivieren: Alle eigebetteten Objekte automatisch wählen (4)
- OK > OK

Alle Objekte (außer die zur Bearbeitung ausgewählte Referenzdatei) werden nun gedimmt dargestellt. Löschen Sie die Umrandung des Produktionsbereichs (markiertes Rechteck).

- Markiertes Rechteck wählen (5)
- **Taste: ENTF**

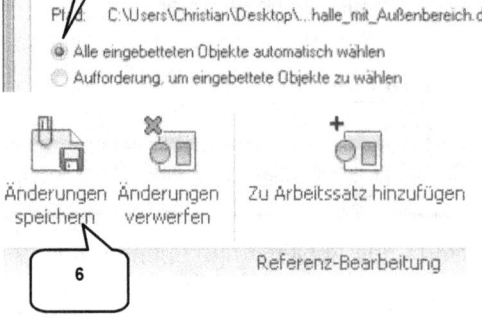

- Das gesamte Fabrikgelände -

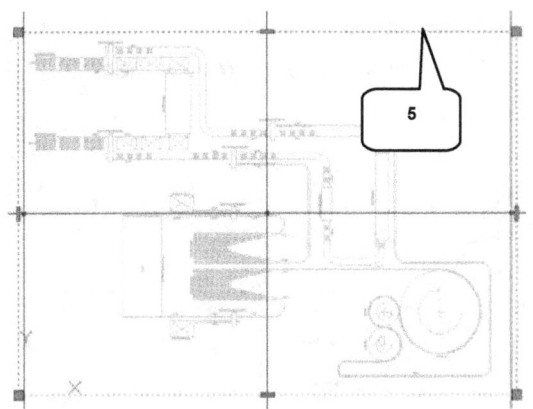

Verwenden Sie den Befehl 🗄 *Änderungen speichern*, um die Bearbeitung der Referenz zu beenden und die Änderung in die eigentliche Zeichnung zu übertragen.

- 🗄 *Änderungen speichern* (6)
- OK

4.9.4 Importieren weiterer Referenzen

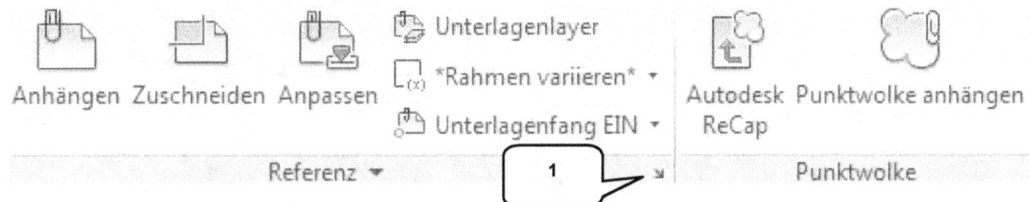

Starten Sie den Befehl 🗂 *Externe Referenzen*, öffnen Sie die Option 🗄 *DWG zuordnen* und wählen Sie die Zeichnung *03_00_Fuhrpark.dwg* aus dem Projektordner aus. Orientieren Sie sich an den folgenden Abbildungen:

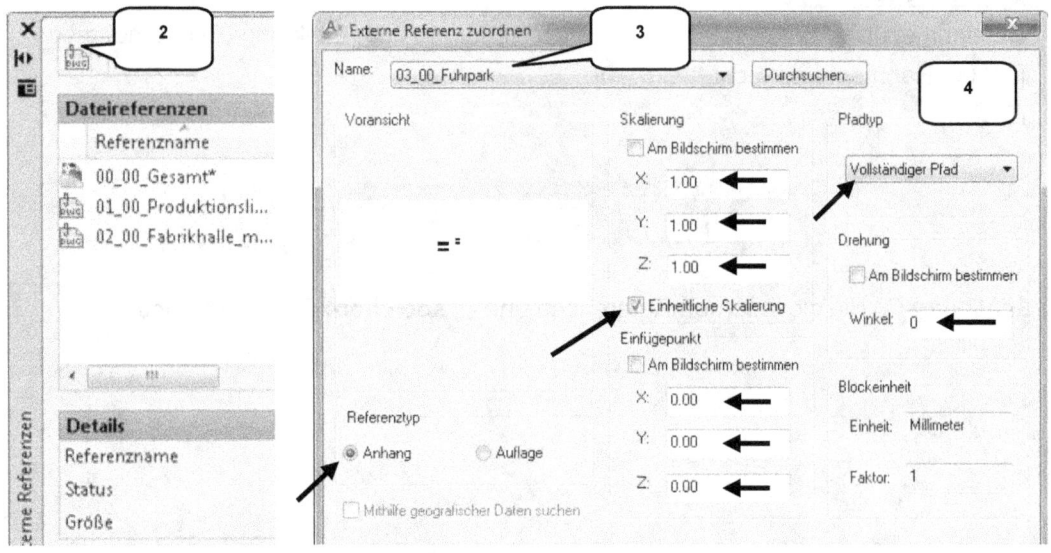

- Das gesamte Fabrikgelände -

- **Externe Referenzen** (1)
- **DWG-zuordnen** (2)
- Dateiname: [03_00_Fuhrpark] (3)
- Öffnen
- Werte aus Abbildung (4) übernehmen
- OK

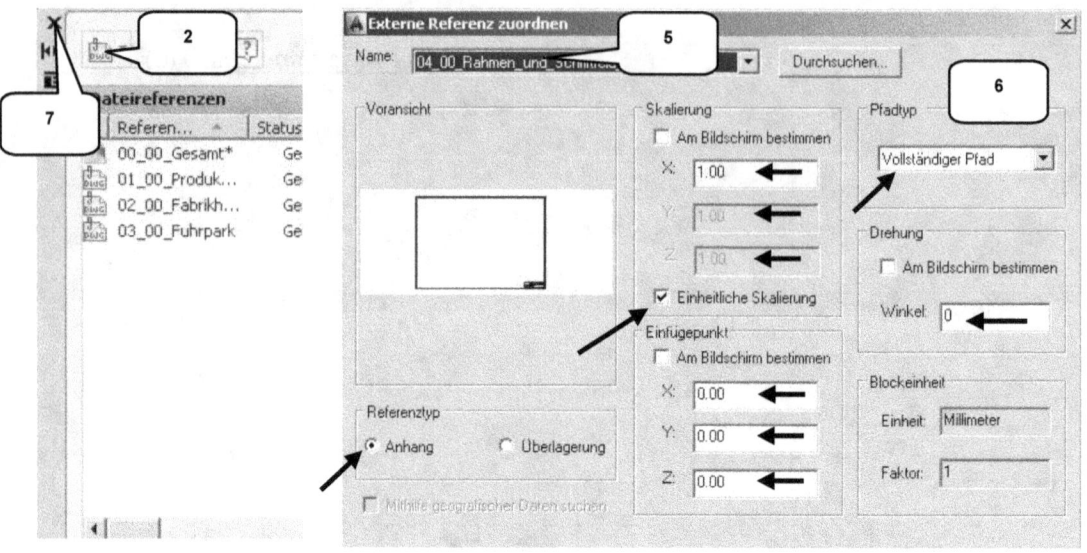

Wiederholen Sie den Befehl **Zuordnen** und importieren Sie die Referenz **04_00_Rahmen_und_Schriftfeld_A0.dwg** in die aktuelle Zeichnung.

- **DWG-zuordnen** (2)
- Dateiname: [04_00_Rahmen_und_Schriftfeld_A0] (5)
- Öffnen
- Werte aus Abbildung (6) übernehmen
- OK

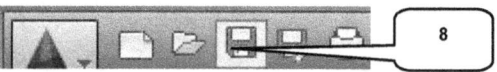

✘ **Schließen** (7) Sie die externen Referenzen und 💾 **speichern** Sie die Zeichnung (8)

5 Das Projekt für den Druck vorbereiten

5.1 Allgemeine Grundeinstellungen
5.1.1 Der Seiteneinrichtungs-Manager

Zeichnungen besitzen einen **Modell-** und einen **Papierbereich**. Im Modellbereich wird gezeichnet und konstruiert, im Papierbereich wird der Inhalt des Modellbereichs auf einen Druck auf Papier vorbereitet und um Bemaßungen und weitere Hinweise ergänzt.

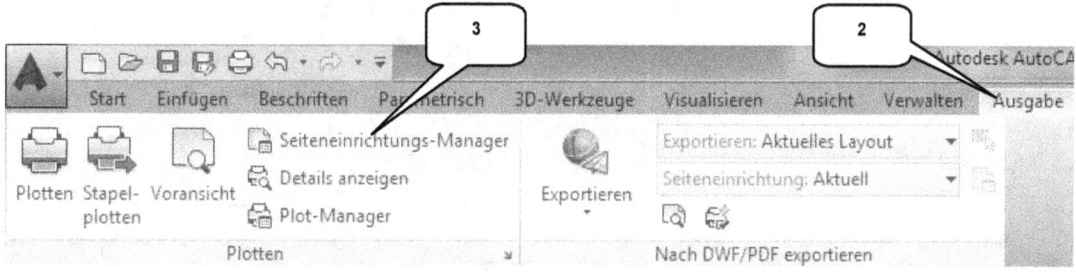

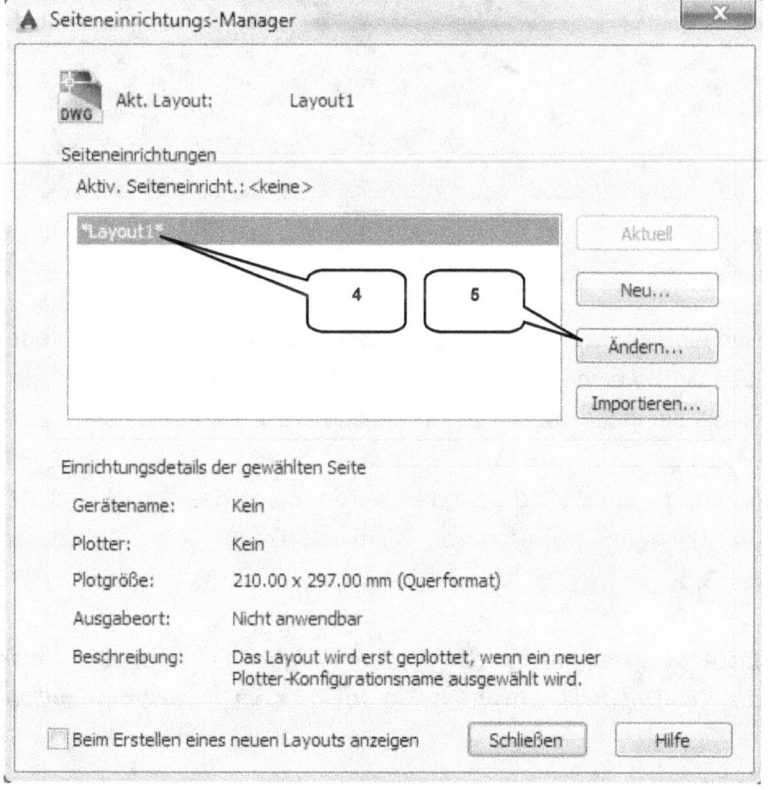

In den Papierbereich gelangt man über den Befehl **Modell** (1) in der unteren Befehlsgruppe.

Öffnen Sie das Register **Ausgabe** (2) und starten Sie den **Seiteneinrichtungs-Manager**.

- **Seiteneinrichtungs-Manager** (3)
- **Layout1** wählen (4)
- Ändern... (5)
- Einstellungen aus Abb. (6) übernehmen
- OK

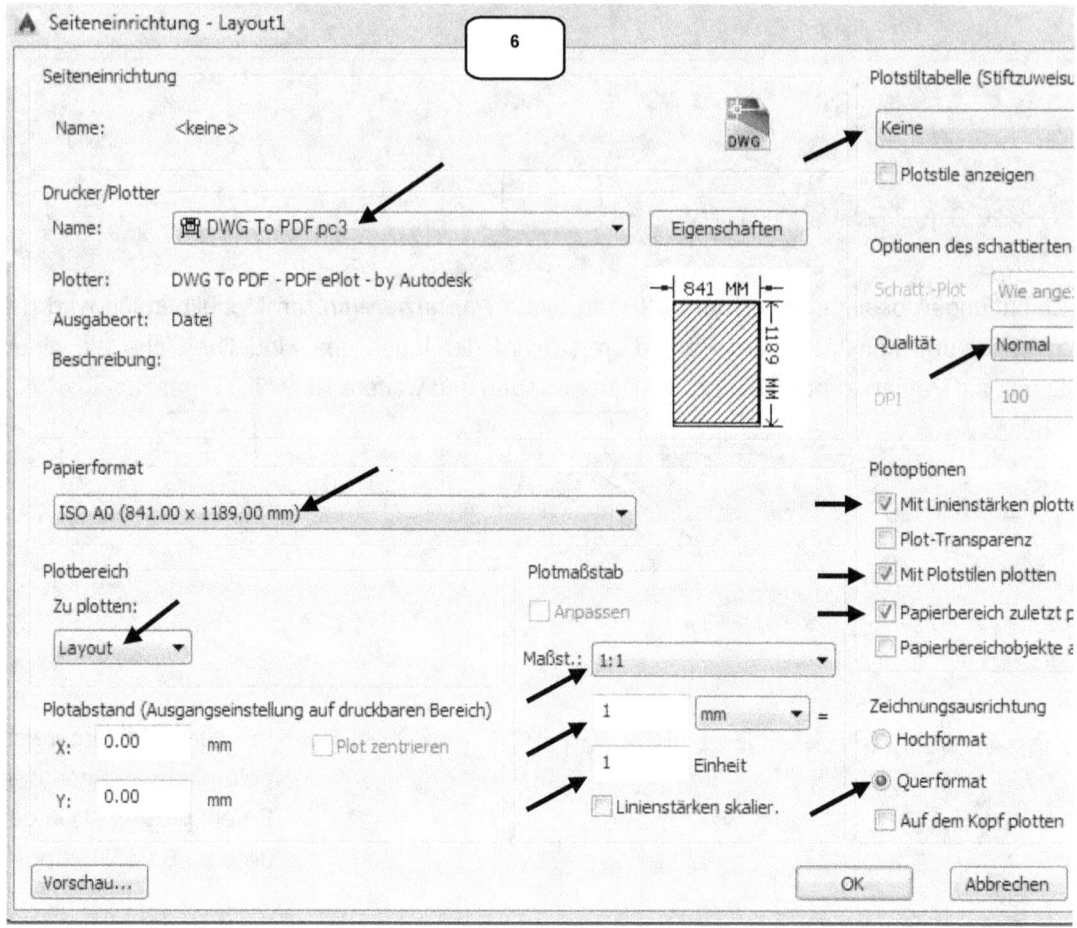

5.1.2 Das Ansichtsfenster proportionieren

Um Inhalte aus dem Modellbereich im Papierbereich anzeigen zu können, werden ein (oder mehrere) Ansichtsfenster benötigt, welche die Inhalte des Modellbereichs auf dem Blatt Papier abbilden. Standardmäßig beinhaltet jeder Papierbereich bereits ein Ansichtsfenster.

Nachdem der Papierbereich auf die Größe **A0** geändert wurde, muss das Ansichtsfenster ebenfalls angepasst werden. Markieren Sie es durch einen (einfachen) Klick auf dessen Rand und ändern Sie dessen Größe.

HINWEIS: *Markieren Sie das Ansichtsfenster nur durch einen einfachen Klick mit der linken Maustaste auf dessen Rand. Per Doppelklick würden Sie unbeabsichtigt in den Modellbereich gelangen.*

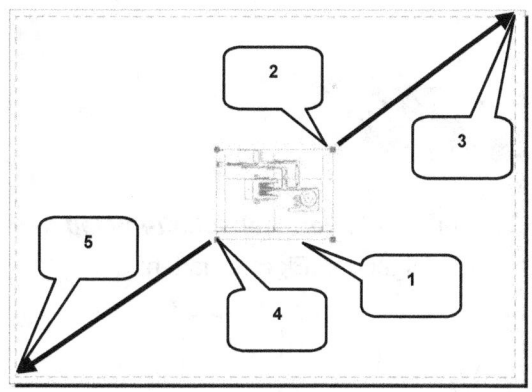

- Rand des Ansichtsfensters wählen (1)
- Oberen, rechten Eckpunkt des Ansichtsfensters (2) auf oberen, rechten Eckpunkt des gestrichelten Rechtecks (3) ablegen

- Unteren, linken Eckpunkt des Ansichtsfensters (4) auf Unteren, linken Eckpunkt des gestrichelten Rechtecks (5) ablegen
- **Taste: ESC**

Um die Darstellung der Zeichnung aus dem Modellbereich an die neue Fenstergröße anzupassen, muss temporär in den Modellbereich gewechselt werden. Klicken Sie hierfür auf den Befehl **Papier**. Zurück im Modellbereich, soll die Darstellung des Modellbereiches der Größe des Ansichtsfensters angepasst werden.

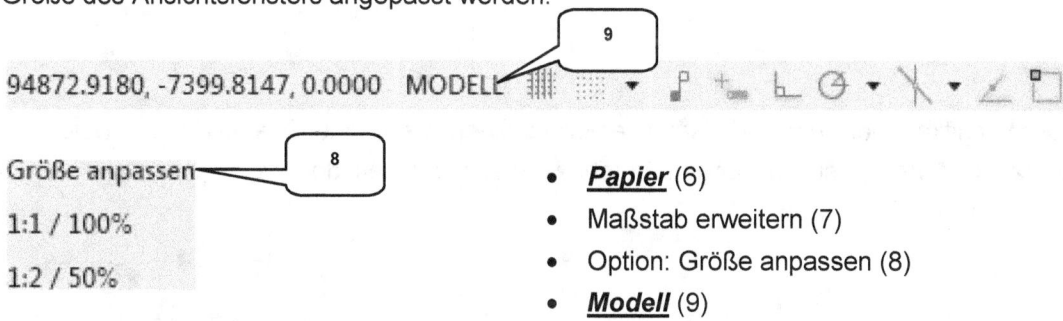

- ***Papier*** (6)
- Maßstab erweitern (7)
- Option: Größe anpassen (8)
- ***Modell*** (9)

HINWEIS: *Die in diesem Buch verwendete Anpassung der Darstellungsgröße des Modellbereichs an die Fenstergröße des Papierbereichs (Option **Größe anpassen**) entspricht nicht der DIN-Norm! Grundsätzlich ist ein Maßstab nach DIN ISO 5455 zu wählen, was in diesem Übungsbeispiel nicht zu keinem zufriedenstellenden Ergebnis führen würde.*

5.1.3 Der neue Layer: Beschriftung

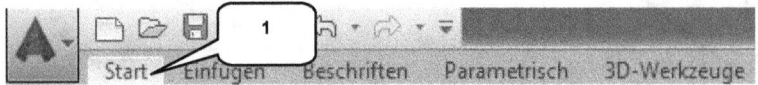

Wechseln Sie ins Register **Start** und öffnen Sie den 📑 **Layereigenschaften-Manager**. Erstellen Sie einen neuen Layer **Beschriftung** mit den folgenden Eigenschaften:

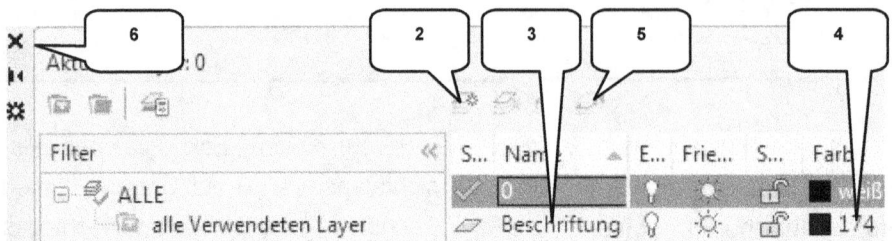

- Register **Start** (1) öffnen
- 📑 **Layereigenschaften-Manager**
- ☀ Neuer Layer (2)
- Name: [Beschriftung] (3)
- Farbe: [174] (4)
- Layer aktivieren (5)
- Layereigenschaften schließen (6)

5.1.4 Vervollständigen des Schriftfeldes

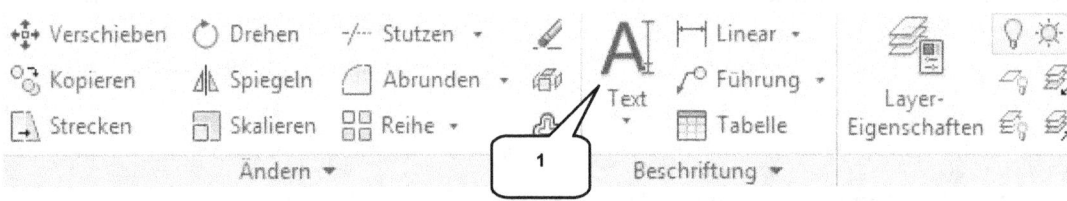

Der Schriftkopf der Zeichnung ist zu vervollständigen. Verwenden Sie hierfür den Befehl A **Einzelne Zeile**, der sich hinter dem Befehl A **Absatztext** befindet.

- *Allgemeine Grundeinstellungen*-

- Befehl A *Absatztext* erweitern
- A *Einzelne Zeile* (1)
- Startpunkt festlegen (2)
- Höhe: [2.5] > *Taste: ENTER*
- Drehwinkel: [0] > *Taste: ENTER*
- Bezeichnung: [Ihr Name]
- *Taste: ENTER* > *Taste: ENTER*

- A *Einzelne Zeile* (1)
- Startpunkt festlegen (3)
- Höhe: [2.5] > *Taste: ENTER*

- Drehwinkel: [0] > *Taste: ENTER*
- Bezeichnung: [01_00_00]
- *Taste: ENTER* > *Taste: ENTER*

- A *Einzelne Zeile* (1)
- Startpunkt festlegen (4)
- Höhe: [5] > *Taste: ENTER*
- Drehwinkel: [0] > *Taste: ENTER*
- Bezeichnung: [Gesamtdarstellung]
- *Taste: ENTER* > *Taste: ENTER*

HINWEIS: *Wurde ein Text falsch positioniert, kann er jederzeit nachträglich verschoben werden. Hierfür klicken Sie den Text einmal mit der linken Maustaste an und verschieben diesen dann bei gedrückter linker Maustaste auf die gewünschte Position.*

5.1.5 Beschriften der Arbeitsbereiche

Beschriften Sie die einzelnen Arbeitsbereiche. Verwenden Sie den Befehl A *Einzelne Zeile* mit einer Schrifthöhe 5 mm und die folgenden Bezeichnungen:

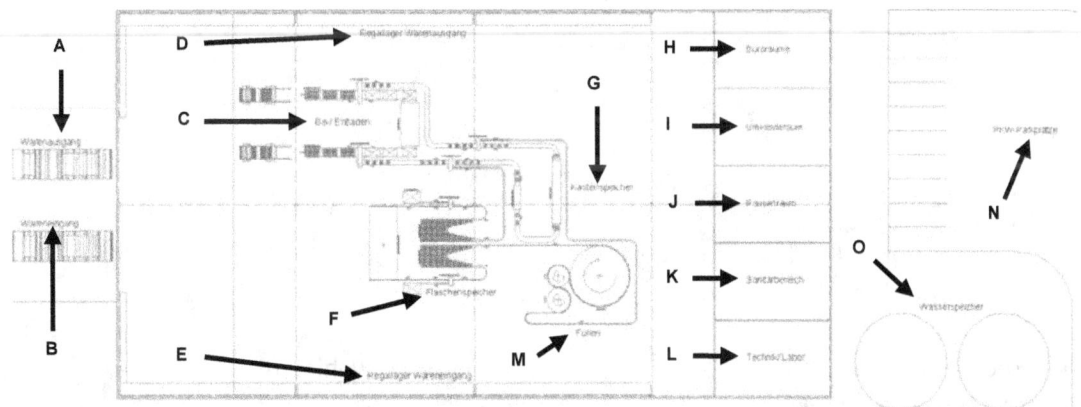

- A) [Warenausgang]
- B) [Wareneingang]
- C) [Be-/ Entladen]
- D) [Regallager WA]
- E) [Regallager WE]

- F) [Flaschenspeicher]
- G) [Kastenspeicher]
- H) [Büroräume]
- I) [Umkleideraum]
- J) [Pausenraum]

- K) [Sanitärbereich]
- L) [Technik/ Labor]
- M) [Füllen]
- N) [PKW-Parkplätze]
- O) [Wasserspeicher]

5.1.6 Bemaßen geometrischer Objekte

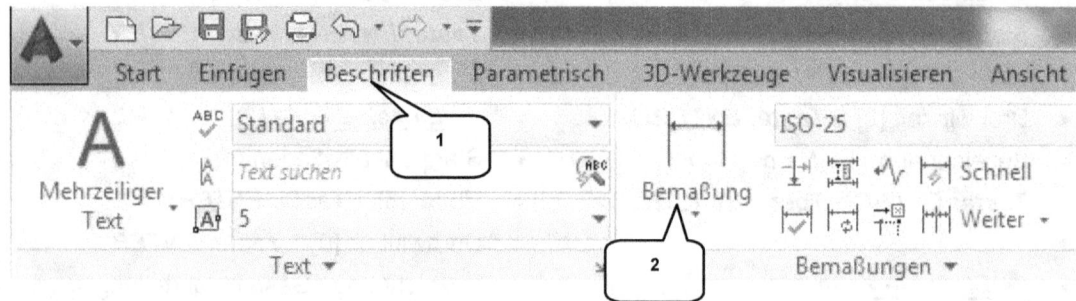

Bemaßungen sollten möglichst erst im Papierbereich erzeugt werden, da dann die Schriftgröße der Maße konstant bleibt, selbst wenn der Maßstab im Modellbereich geändert wird. Wechseln Sie ins Register **Beschriften**. Die erste Bemaßung soll den Abstand der ersten beiden Hallenpfeiler (oben links) darstellen. Bemaßt werden soll der Schnittpunkt der gestrichelten Linien mit den Pfeiler-Rechtecken.

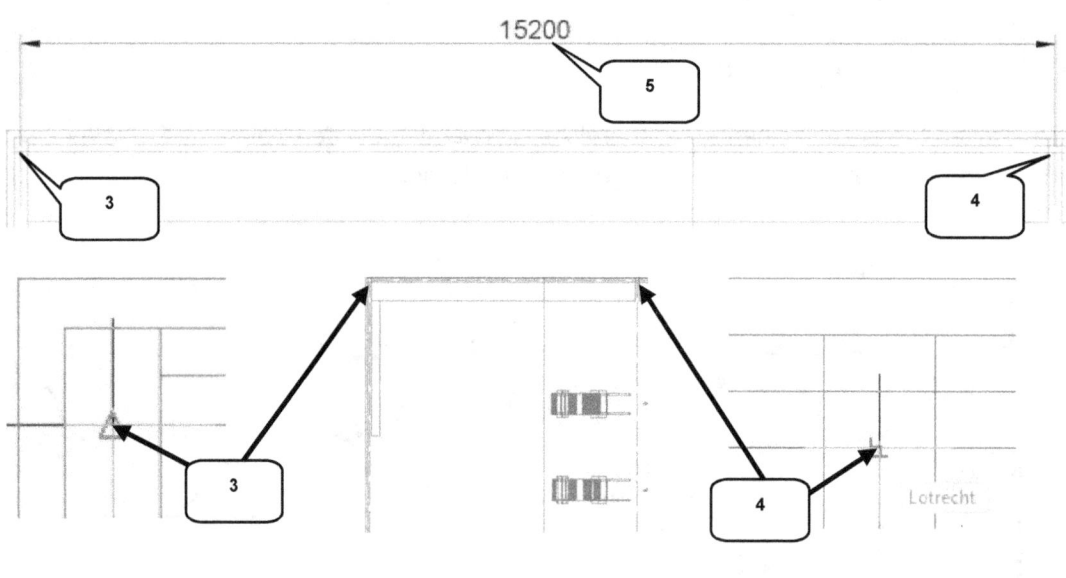

- Register **Beschriften** öffnen (1)
- **Linearbemaßung** (2)
- Startpunkt wählen (3)
- Endpunkt wählen (4)
- Maßtext ablegen (5)

Das zuletzt erzeugte Maß soll erweitert werden, um ein Kettenmaß daraus zu erzeugen. Starten Sie den Befehl **Weiter** und wählen Sie die folgenden drei markierten Referenzpunkte (jeweils der Schnittpunkt zwischen gestrichelter Linie und Rechteck).

- Allgemeine Grundeinstellungen -

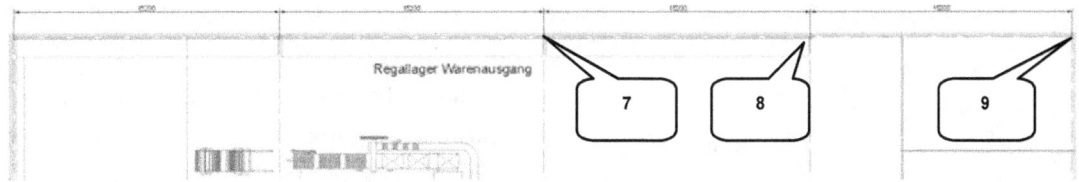

- |⊢⊣| **_Weiter_** (6)
- Markierten Schnittpunkt zwischen der gestrichelten Linie und dem Rechteck wählen (7)

- Markierten Schnittpunkt wählen (8)
- Markierten Schnittpunkt wählen (9)
- **_Taste: ESC_**

Wasserspeicher

Erweitern Sie den Befehl |⊢⊣| **_Linearbemaßung_** und bemaßen Sie den linken Wasserspeicher mit einer ⊘ **_Radiusbemaßung_**.

- Befehl |⊢⊣| **_Linearbemaßung_** erweitern
- ⊘ **_Radiusbemaßung_** (10)
- Markierten Kreis wählen (11)
- Maßtext an Position (12) ablegen

Bemaßen Sie den rechten Wasserspeicher mit einer ⊘ **_Durchmesserbemaßung_**.

- ⊘ **_Radiusbemaßung_** erweitern
- ⊘ **_Durchmesserbemaßung_** (13)
- Markierten Kreis (14) wählen
- Maßtext an Position (15) ablegen

Ergänzen Sie ⊕ **_Zentrumsmarkierungen_**.

- Befehlsgr. **_Bemaßungen_** erweitern
- ⊕ **_Zentrumsmarkierung_** (16)
- Markierten Kreis (11) wählen
- ⊕ **_Zentrumsmarkierung_** (16)
- Markierten Kreis (14) wählen

- Allgemeine Grundeinstellungen -

5.1.7 Hinzufügen von Führungslinien

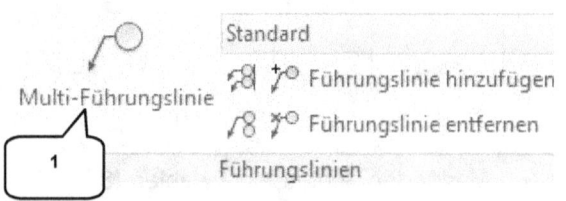

Zusätzliche Hinweise sollen mit einer **Multi-Führungslinie** in die Zeichnung eingefügt werden.

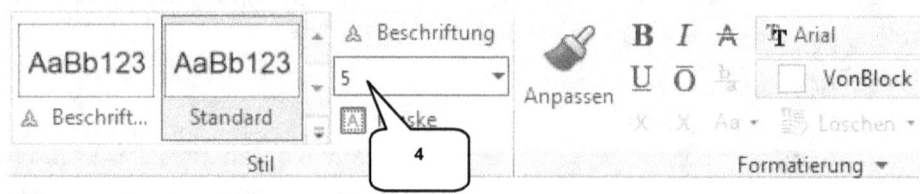

- **Multi-Führungslinie** (1)
- Startpunkt der Linie: Pos. (2)
- Text an Position (3) ablegen
- Register: Texteditor
- Texthöhe: [5] (4)
- Text: [1] eingeben
- ✕ Texteditor schließen

- **Multi-Führungslinie** (1)
- Startpunkt der Linie: Pos. (5)
- Text an Position (6) ablegen
- Register: Texteditor
- Texthöhe: [5] (4)
- Text: [2] eingeben
- ✕ Texteditor schließen

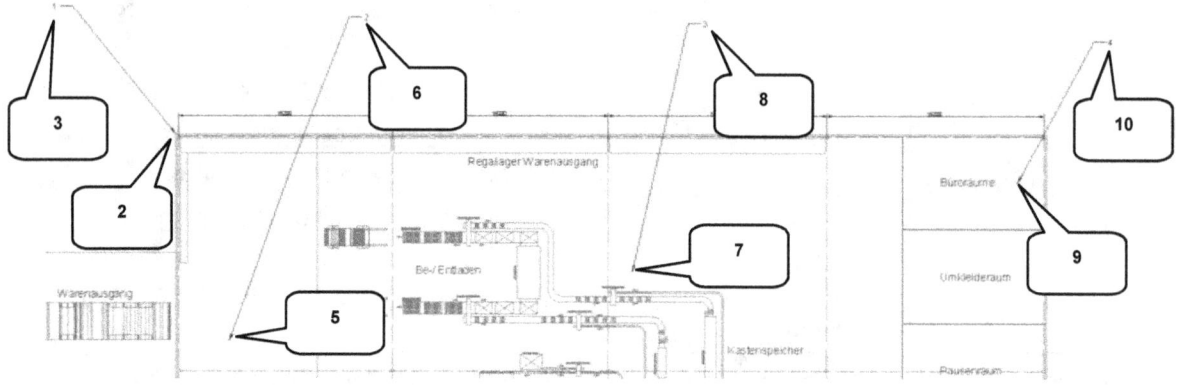

- *Allgemeine Grundeinstellungen* -

- /° **_Multi-Führungslinie_** (1)
- Startpunkt der Linie: Pos. (7)
- Text an Position (8) ablegen
- Register: Texteditor
- Texthöhe: [5] (4)
- Text: [3] eingeben
- ✗ Texteditor schließen

- /° **_Multi-Führungslinie_** (1)
- Startpunkt der Linie: Pos. (9)
- Text an Position (10) ablegen
- Register: Texteditor
- Texthöhe: [5] (4)
- Text: [4] eingeben
- ✗ Texteditor schließen

Die Führungslinien sollen jetzt aneinander ausgerichtet werden. Verwenden Sie den Befehl ⌐ **Ausrichten**.

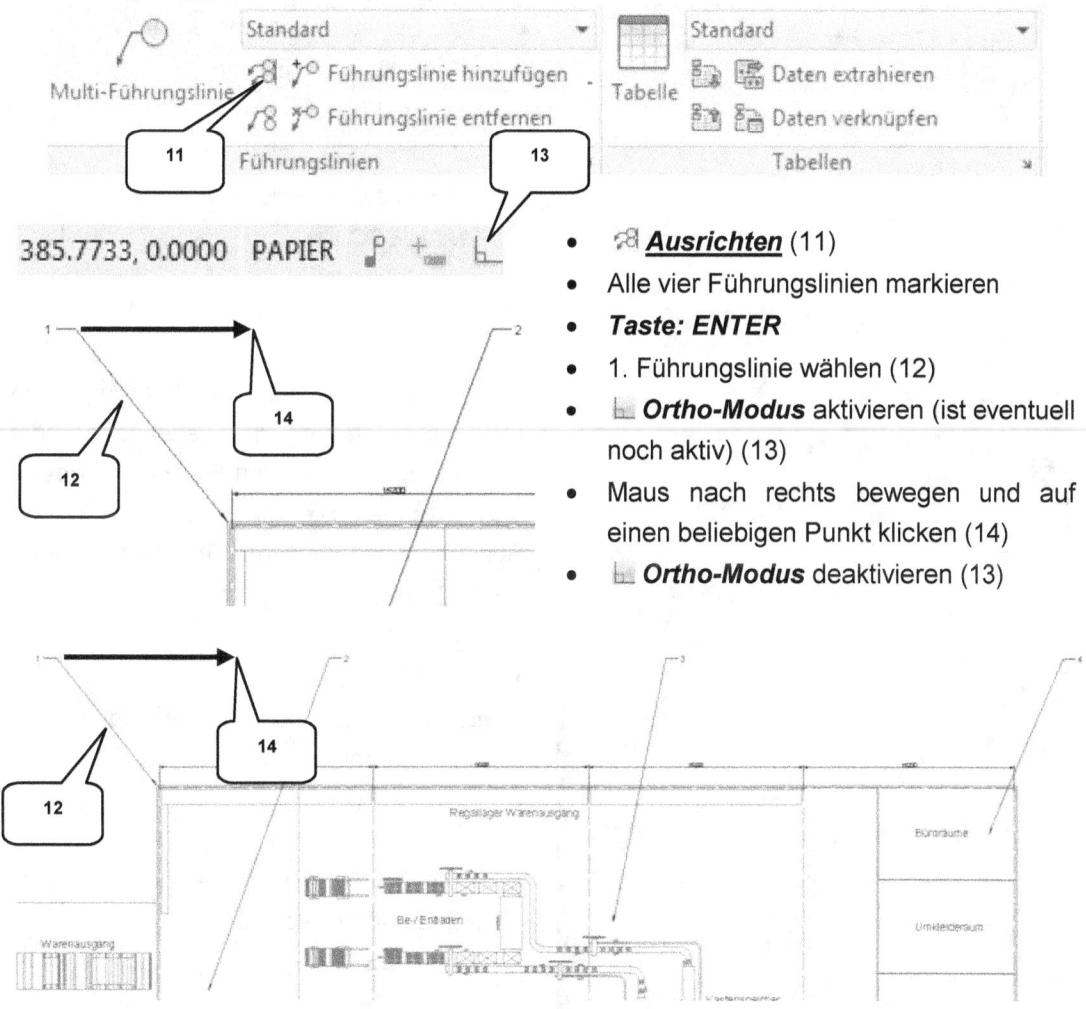

- ⌐ **_Ausrichten_** (11)
- Alle vier Führungslinien markieren
- **Taste: ENTER**
- 1. Führungslinie wählen (12)
- ⌐ **Ortho-Modus** aktivieren (ist eventuell noch aktiv) (13)
- Maus nach rechts bewegen und auf einen beliebigen Punkt klicken (14)
- ⌐ **Ortho-Modus** deaktivieren (13)

- Allgemeine Grundeinstellungen -

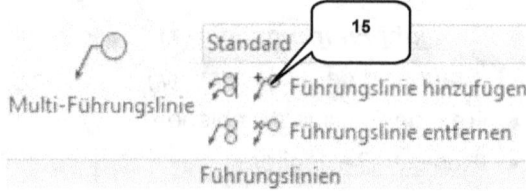

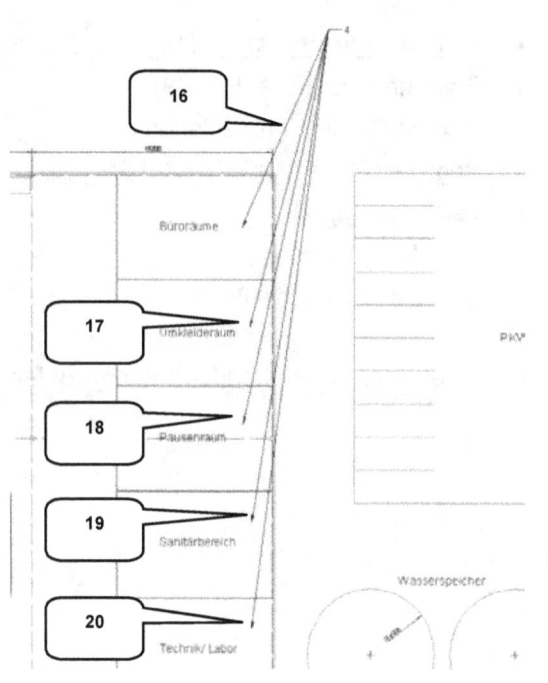

Die letzte Führungslinie mit der Nummer 4 soll um vier weitere Linien erweitern werden. Verwenden Sie den Befehl ⤴ **Führungslinie hinzufügen**.

- ⤴ **Führungslinie hinzufügen** (15)
- Führungslinie Nr. 4 wählen (16)
- Auf Punkt (17) klicken
- Auf Punkt (18) klicken
- Auf Punkt (19) klicken
- Auf Punkt (20) klicken
- **Taste: ESC**

5.1.8 Einfügen einer Tabelle

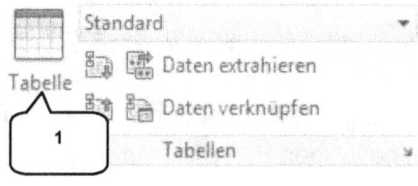

Die Positionsnummern der Führungslinien (1...4) müssen um eine Legende ergänzt werden. Starten Sie den Befehl ⛁ **Tabelle** und erzeugen Sie eine Tabelle mit zwei Spalten (Spaltenbreite: 85 mm) und neun Zeilen (Zeilenhöhe: 1 Zeile).

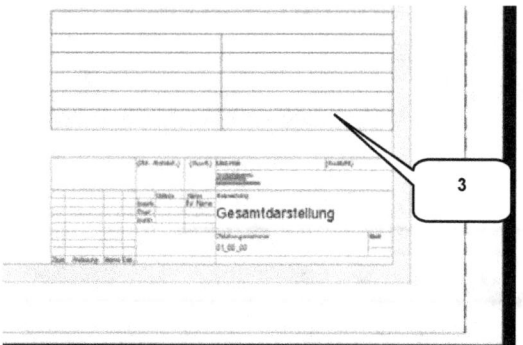

- ⛁ **Tabelle** (1)
- Einstellungen aus der Abbildung (2) übernehmen
- OK

- Tabelle oberhalb des Zeichnungsschriftfeldes auf Position (3) ablegen
- **Taste: ESC**

- Allgemeine Grundeinstellungen -

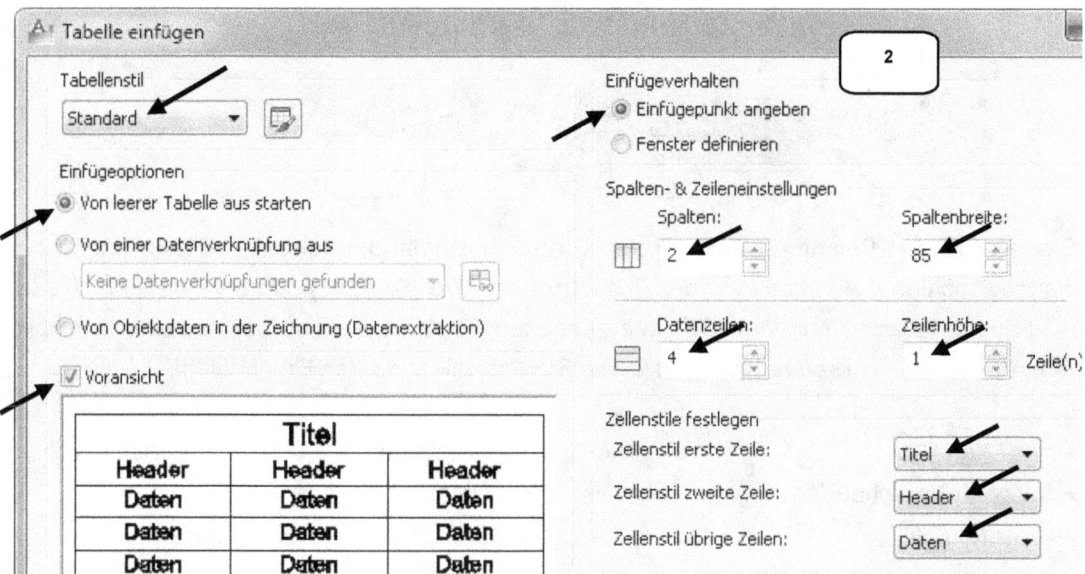

HINWEIS: Verwenden Sie den Befehl ✛ **Verschieben** (Register **Start** > Befehlsgruppe **Einfügen**), um die Tabelle bündig auf dem Schriftfeld der Zeichnung zu platzieren.

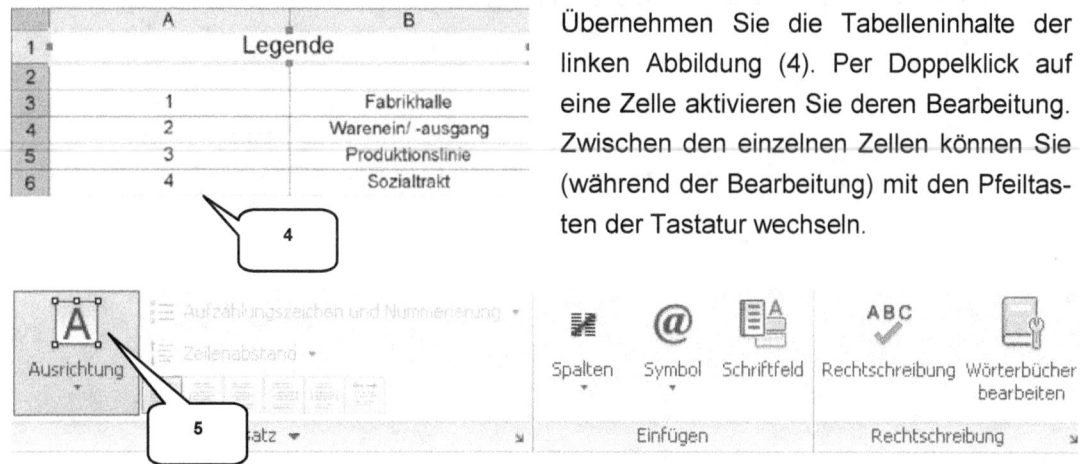

Übernehmen Sie die Tabelleninhalte der linken Abbildung (4). Per Doppelklick auf eine Zelle aktivieren Sie deren Bearbeitung. Zwischen den einzelnen Zellen können Sie (während der Bearbeitung) mit den Pfeiltasten der Tastatur wechseln.

Richten Sie die Position jeder Zelle mit der Ausrichtung **Mitte-Zentrum** (5) aus und beenden Sie die Bearbeitung der Tabelle anschließend mit dem Befehl ✕ **Texteditor schließen**.

5.1.9 Konvertieren der Zeichnung in das Format PDF

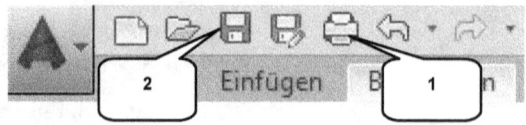

Starten Sie den Befehl **Plot**. Prüfen Sie noch einmal die korrekten Einstellungen der Seiteneinrichtung. Als Plotter ist der PDF-Drucker **DWG To PDF.pc3** zu verwenden. Dieser wird aus der Zeichnung eine PDF-Datei erzeugen. Prüfen Sie vorab das korrekte Druckbild über die Vorschau **Vorschau** und **starten** Sie anschließend den Druckbefehl.

- **_Plot_** (1)
- Vorschau **Vorschau**
- **Taste: ESC**
- OK

- Dateiname: [00-00-Gesamt-Blatt1-A0]
- Dateityp: *.pdf
- Speicherort: Projektordner wählen
- Speichern

Die PDF-Datei kann danach im Projektordner mit einem PDF-Reader geöffnet werden.

Speichern (2) und schließen Sie die Zeichnung abschließend.

6 Fabrikplanung im 3D-Modellbereich

6.1 Visualisierung der Produktionslinie
6.1.1 Erzeugen einer neuen Zeichnung

Eine vereinfachte 3D-Visualisierung soll der Fabrikplanung einen räumlichen Einblick vermitteln. Starten Sie den Befehl **Neu** und wählen Sie aus den vorhandenen Vorlagen die **acadiso.dwt** aus. **Speichern** Sie die Zeichnung im Projektordner unter der Bezeichnung: **00_00_Gesamt-3D**.

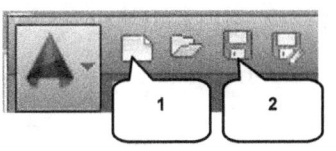

- **Neu** (1)
- Vorlage: acadiso.dwt
- Öffnen

- **Speichern** (2)
- Dateiname: [00_00_Gesamt-3D] (3)
- Dateityp: *.dwg
- **Speichern** (4)

6.1.2 Platzieren der Basiszeichnung

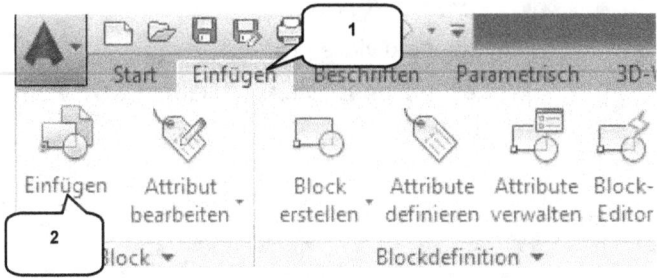

Als Grundlage für die 3D-Planung wird eine bereits vorgefertigte Zeichnung dienen. Wechseln Sie ins Register **Einfügen** (1) und importieren Sie die folgende Zeichnung:

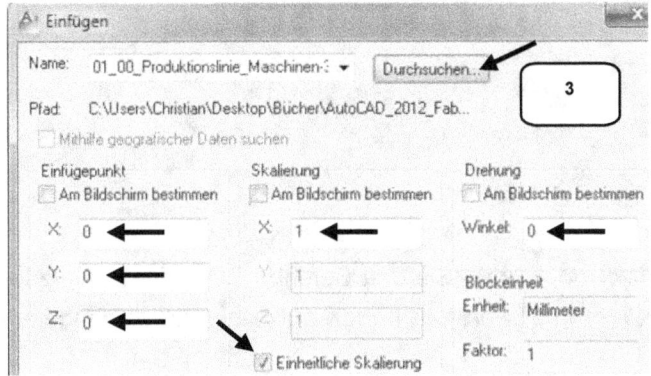

- Register **Einfügen** öffnen (1)
- **Einfügen** (2)
- Durchsuchen...
- Dateiname: [01_00_Produktionslinie_ Maschinen-3D]
- Einstellungen (3) übernehmen
- OK

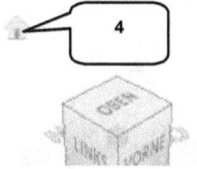

Klicken Sie anschließend auf das kleine 🏠 **Haus-Symbol** am **ViewCube** (4) um die Ansicht auszurichten.

6.1.3 Der neue Layer: 3D-Maschinen

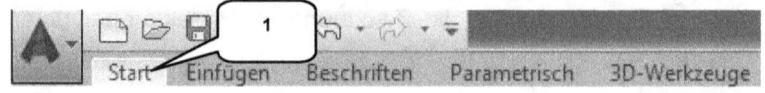

Wechseln Sie ins Register **Start** und öffnen Sie den **Layereigenschaften-Manager**. Erstellen Sie einen neuen Layer **3D-Maschinen** mit folgenden Eigenschaften:

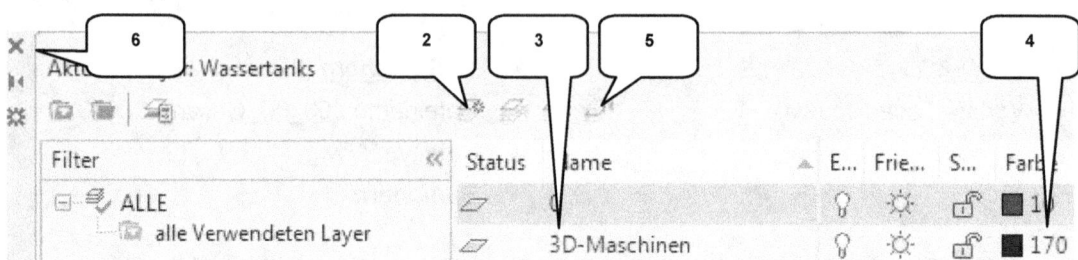

- Register **Start** (1) öffnen
- **Layereigenschaften-Manager**
- Neuer Layer (2)
- Name: [3D-Maschinen] (3)

- Farbe: [170] (4)
- Layer aktivieren (5)
- Layereigenschaften schließen (6)

6.1.4 Quadratische Objekte

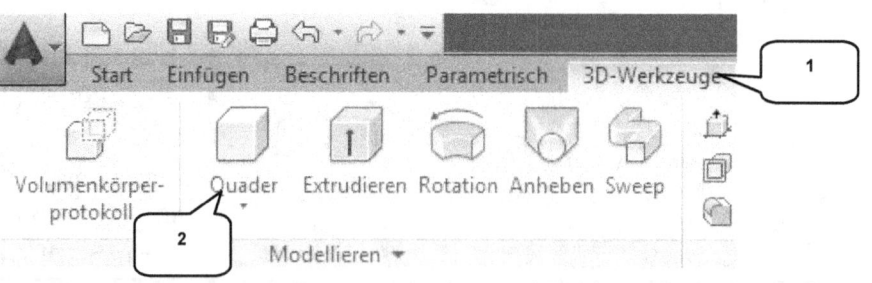

Aktivieren Sie das Register **3D-Werkzeuge**, starten Sie den Befehl **Quader** und erzeugen Sie die vereinfachte Maschine **Kästen auf Paletten heben** auf Basis der vorhandenen 2D-Objekte.

- Visualisierung der Produktionslinie -

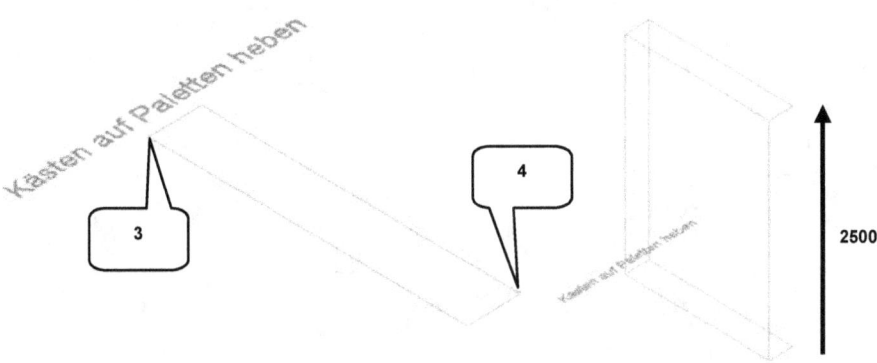

- Register **3D-Werkzeuge** öffnen (1)
- **Quader** (2)
- Startpunkt wählen (3)
- Endpunkt wählen (4)

- Maus etwas nach oben ziehen
- Wert für Höhe eingeben: [2500]
- **Taste: ENTER**

HINWEIS: Ein freies Drehen der Bildschirmansicht ist bei gedrückter linker Maustaste auf dem **ViewCube** oder mit der Kombination der **Taste: SHIFT** und mittlere Maustaste möglich.

Wiederholen Sie den Befehl **Quader** und erzeugen Sie die folgenden acht Maschinen. Achten Sie auf die Positionsangaben der nachfolgenden Abbildung.

Maschinenbezeichnung	Wert für Höhen
Kästen von Paletten heben (5)	[2500]
Kästen auf Paletten heben (6)	[2500]
Palettenspeicher (7)	[3000]
Flaschen in Kästen heben (8)	[2500]
Flaschen aus Kästen heben (9)	[2500]
Flaschenkontrolle/ Selektion (10)	[2500]
Kastenwaschmaschine (11)	[3000]
Kastenspeicher (12)	[5000]
Flaschenwaschmaschine (13)	[5000]

HINWEIS: Achten Sie bei der Auswahl der Punkte für das Basisrechteck stets darauf, zwei diagonal gegenüberliegende Punkte des jeweiligen 2D-Objektes zu wählen.

- Visualisierung der Produktionslinie -

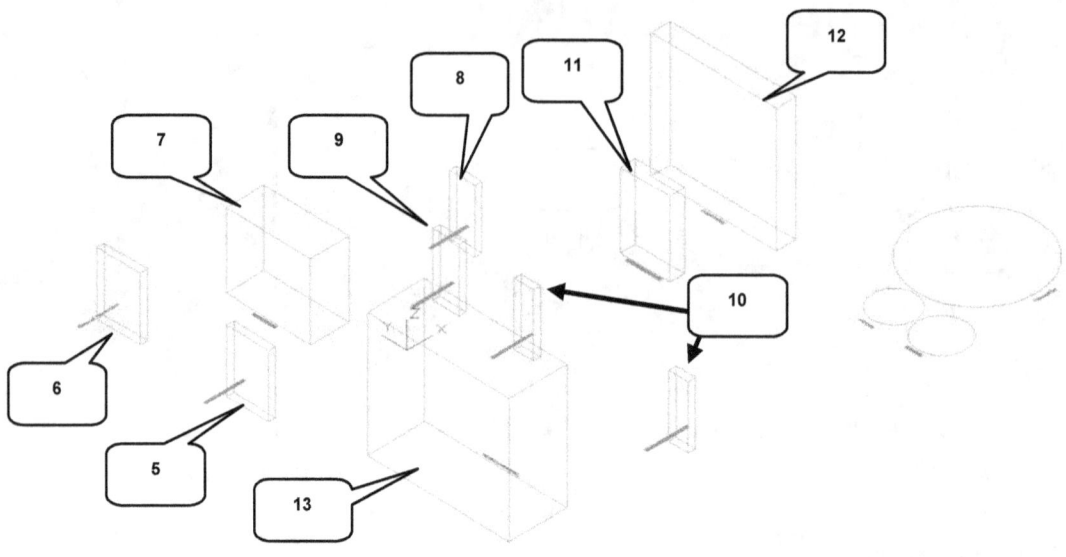

6.1.5 Zylindrische Objekte

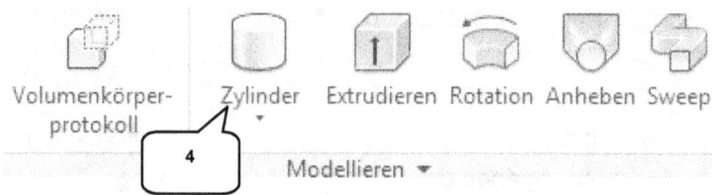

Flaschenfüller (1), **Etikettierer** (2) und **Schließer** (3) sollen durch einen ⬛ **Zylinder** symbolisiert werden. Starten Sie mit dem Flaschenfüller.

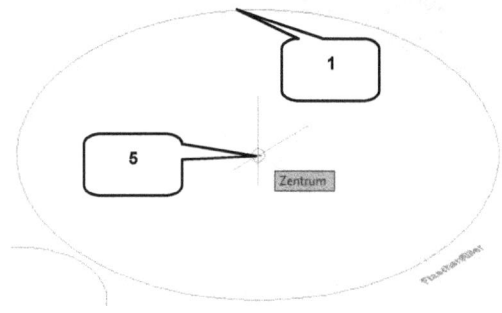
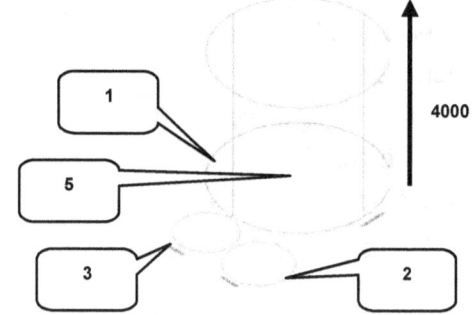

- Befehl ⬛ **Quader** erweitern
- ⬛ **Zylinder** (4)
- Markierten Kreismittelpunkt wählen (5)
- Wert für Radius eingeben: [2500]

- **Taste: ENTER**
- Maus etwas nach oben ziehen
- Wert für Höhe eingeben: [4000]
- **Taste: ENTER**

Für **Etikettierer** (2) und **Schließer** (3) sind die folgenden Radien- und Höhenangaben zu verwenden:

Maschinenbezeichnung	Wert für Radius	Wert für Höhe
• Etikettierer (2)	[1000]	[2500]
• Schließer (3)	[900]	[2500]

HINWEIS: *Im 3D-Modus ist der Mittelpunkt eines Kreises oft schlecht zu erfassen. Wenn Sie mit dem Mauszeiger vorher noch einmal über den Kreis fahren und anschließend auf den Mittelpunkt des Kreises gehen sollte sich das verbessern.*

6.1.6 Kegelförmige Objekte

Der **Flaschenfüller** soll auf der oberen Seite des zylindrischen Grundkörpers um einen Kegel erweitern werden. Verwenden Sie den Befehl ⌂ **Kegel**.

- Befehl ⌂ **Zylinder** erweitern
- ⌂ **Kegel** (1)
- Kreismittelpunkt wählen (2)
- Wert für Radius: [2500]

- **Taste: ENTER**
- Maus etwas nach oben ziehen
- Wert für Höhe: [500]
- **Taste: ENTER**

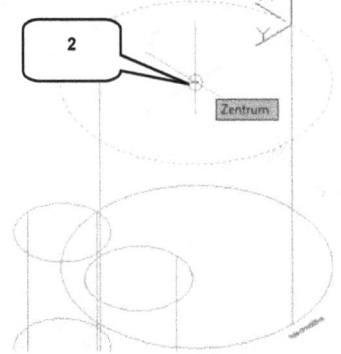
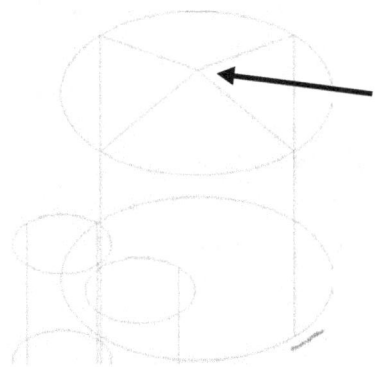

6.1.7 Kugelförmige Objekte

Schließer (5) und **Etikettierer** (4) sollen auf ihrer Oberseite um jeweils eine ○ **Kugel** ergänzt werden.

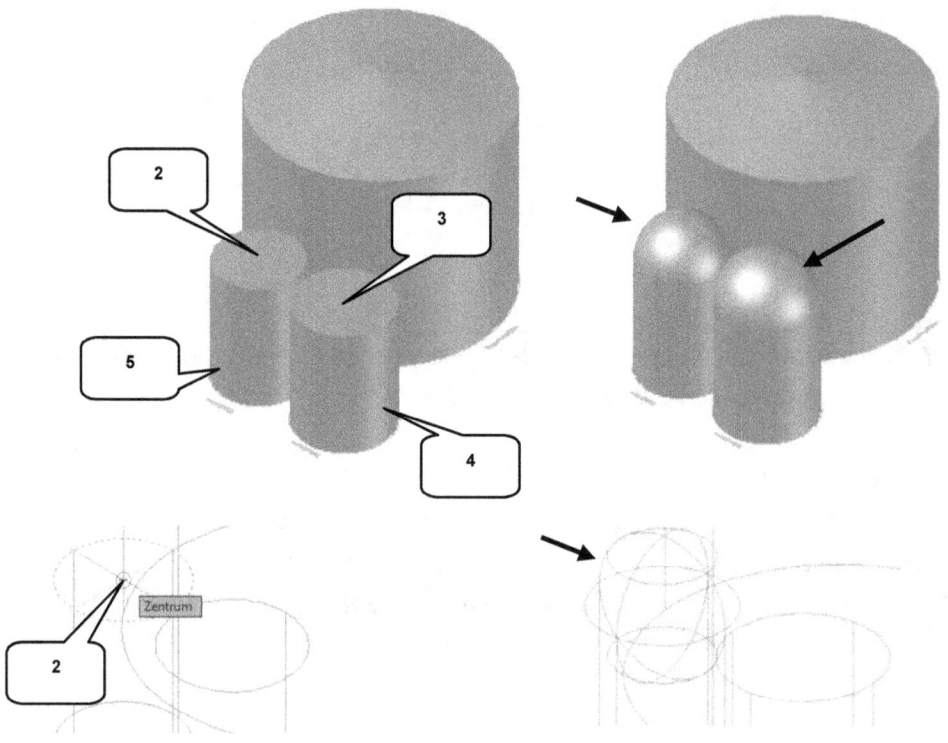

- Befehl △ **Kegel** erweitern
- ○ **_Kugel_** (1)
- Kreismittelpunkt (2) der oberen Fläche des Schließers (5) wählen
- Kugelradius: [900]
- **_Taste: ENTER_**

 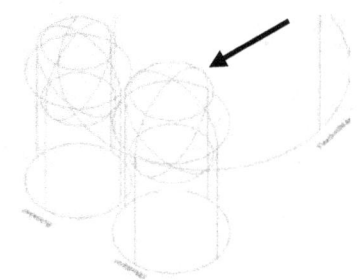

- ○ **_Kugel_** (1)
- Kreismittelpunkt (3) der oberen Fläche des Etikettierers (4) wählen

- Kugelradius: [1000]
- **Taste: ENTER**

6.1.8 Bearbeiten vorhandener 3D-Objekte

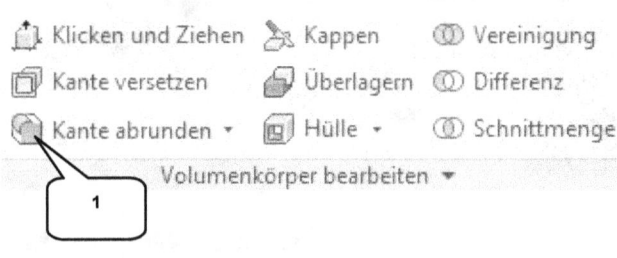

Einige Kanten des **Palettenspeichers** (3) sollen abgerundet werden. Verwenden Sie den Befehl **Kante Abrunden**.

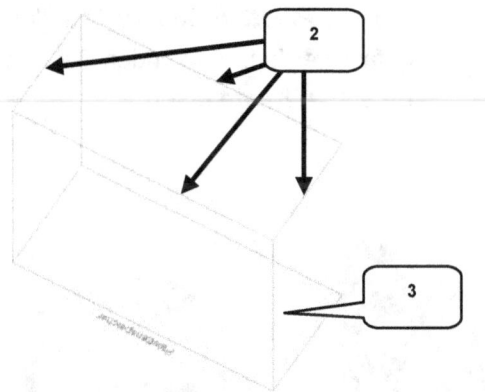 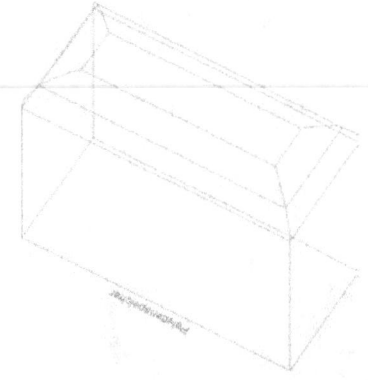

- **_Kante abrunden_** (1)
- Option: [Radius] wählen
- Rundungsradius eingeben: [500]

- **Taste: ENTER**
- Markierte Kanten wählen (2)
- **Taste: ENTER**

Wiederholen Sie das Abrunden der oberen Kanten bei den folgenden Maschinen:

- Visualisierung der Produktionslinie -

Maschinenbezeichnung   **Wert für Radius**

- Flaschenwaschmaschine (4)   [500]
- Kastenwaschmaschine (5)   [200]
- Kastenspeicher (6)   [200]

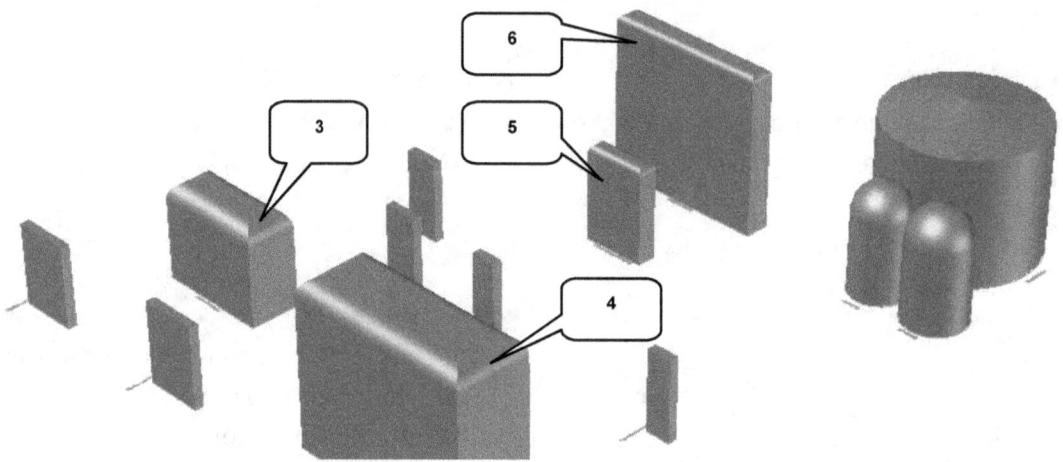

Einige Kanten der Maschine **Kästen auf Paletten heben** (7) sollen gefast werden. Verwenden Sie den Befehl **Kante fasen**.

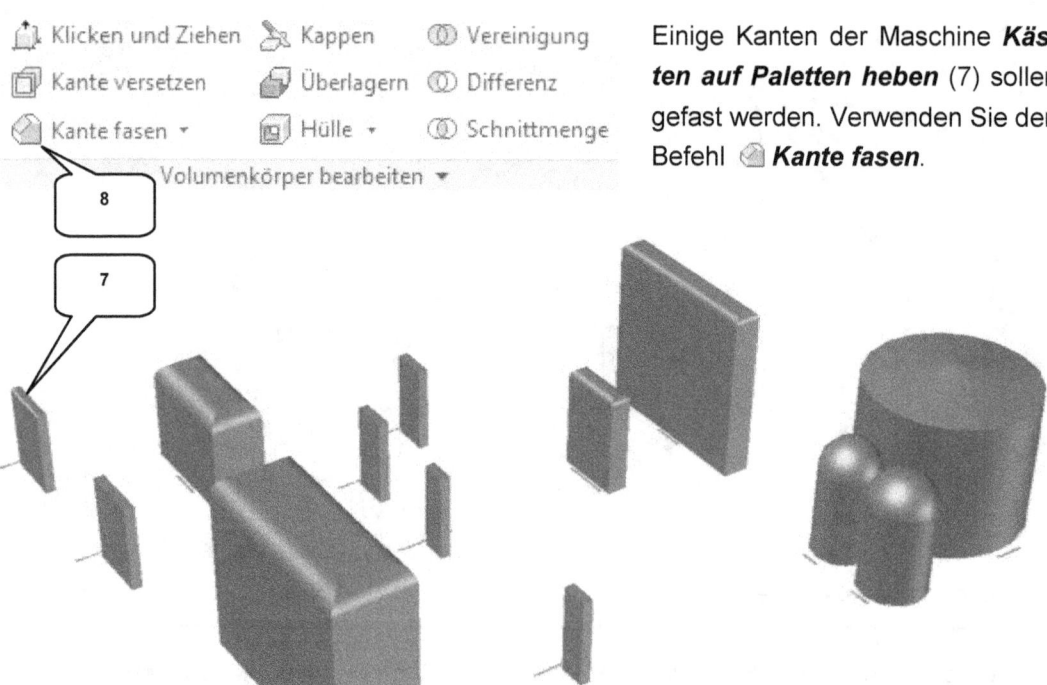

- Visualisierung der Produktionslinie -

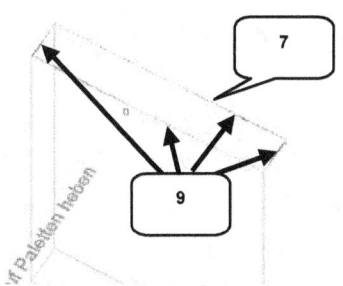
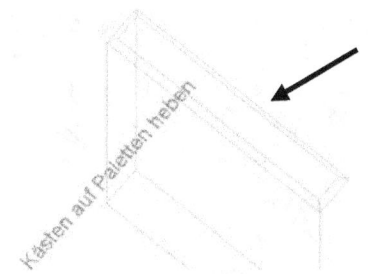

- Befehl 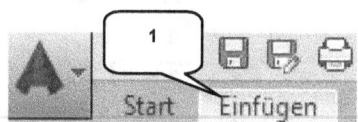 **Kante abrunden** erweitern
- **Kante fasen** (8)
- Option: [Abstand]
- Ausdruck: [50]
- **Taste: ENTER**

- Ausdruck: [50]
- **Taste: ENTER**
- Markierte Kanten wählen (9)
- **Taste: ENTER**

6.1.9 Importieren des Transportsystems und der Fabrikhalle

Öffnen Sie das Register **Einfügen** und importieren Sie die Datei **01_00_Produktionslinie-Transportsystem-3D.dwg** als Block in die Zeichnung. Achten Sie darauf, den Einfügepunkt der Zeichnung auf den Koordinatenursprung zu beziehen (X=0, Y=0, Z=0).

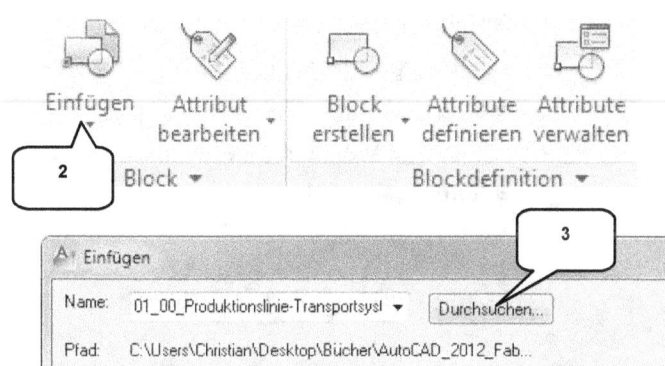

- Reg. **Einfügen** öffnen (1)
- **Einfügen** (2)
- Option: [Weitere Optionen]
- Durchsuchen... (3)
- Projektordner wählen
- Dateiname: [01_00_Produktionslinie-Transportsystem-3D]
- Werte aus linker Abbildung übernehmen
- OK

Importieren Sie anschließend die Datei **02_00_Fabrikhalle_mit_Außenbereich-3D.dwg**.

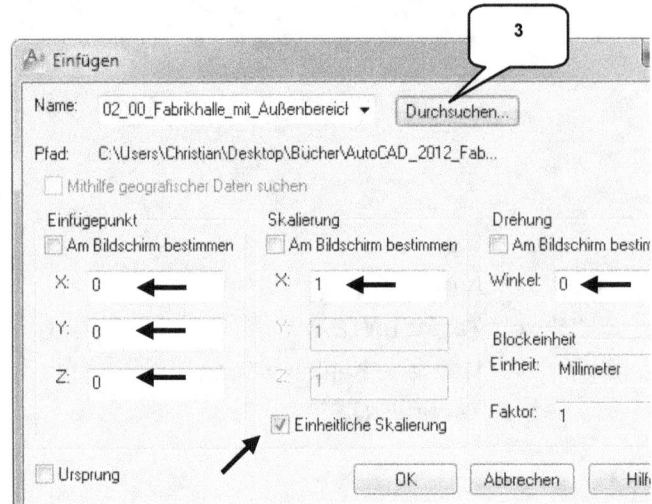

- **Einfügen** (2)
- Option: [Weitere Optionen]
- Durchsuchen... (3)
- Dateiname: [02_00_Fabrikhalle_mit_Außenbereich-3D]
- Werte aus linker Abbildung übernehmen
- OK

6.1.10 Bearbeiten einer Referenz

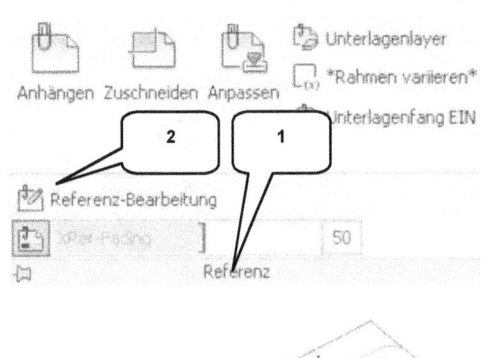

Starten Sie die **Referenz-Bearbeitung** der Fabrikhalle.

- Befehlsgruppe **Referenz** erweitern (1)
- **Referenz-Bearbeitung** (2)
- Markierte Kante wählen (3)
- Option: [Alle eingebetteten Objekte automatisch wählen]
- OK

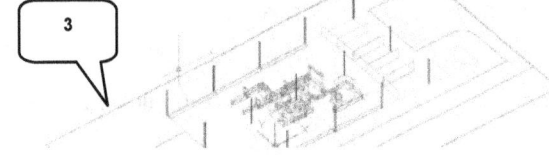

6.1.11 Extrudieren geschlossener 2D-Objekte

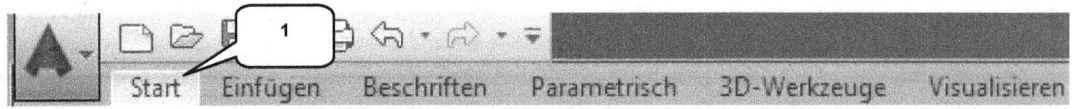

Öffnen Sie das Register **Start** und aktivieren Sie den Layer **Regale**. Wechseln Sie anschließend in das Register **3D-Werkzeuge**.

- Visualisierung der Produktionslinie -

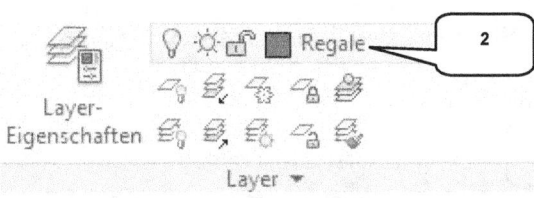

- Register **Start** öffnen (1)
- Layer **Regale** aktivieren (2)
- Register **3D-Werkzeuge** öffnen (3)

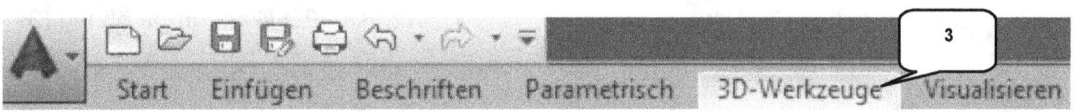

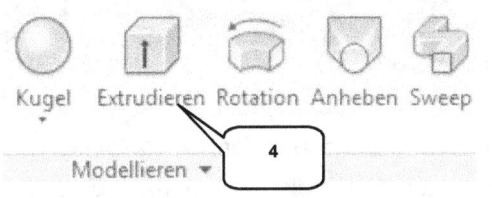

Verwenden Sie den Befehl *Extrudieren*, um die markierten sechs Rechtecke in Volumenkörper zu konvertieren.

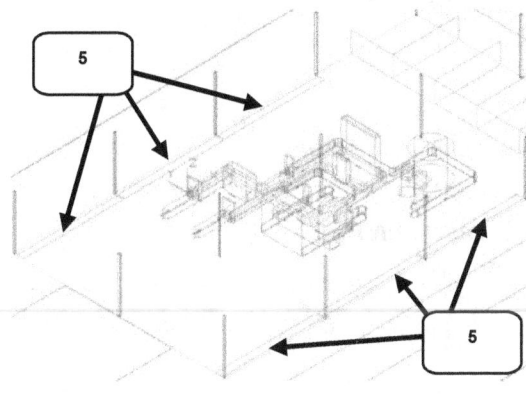

- *Extrudieren* (4)
- Sechs Rechtecke wählen (5)
- **Taste: ENTER**

- Maus nach oben ziehen
- Höhe der Extrusion: [4000]
- **Taste: ENTER**

HINWEIS: *Um einen Volumenkörper zu erhalten, muss das zu extrudierende 2D-Objekt geschlossen sein. Ist dies nicht der Fall, wird anstelle des Volumenkörpers ein Flächenelement mit der Masse m=0 (kg) erzeugt.*

6.1.12 Rotieren geschlossener 2D-Objekte

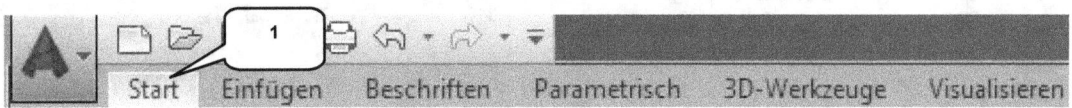

Öffnen Sie das Register **Start** und aktivieren Sie den Layer **Wassertanks**. Wechseln Sie anschließend in das Register **3D-Werkzeuge**.

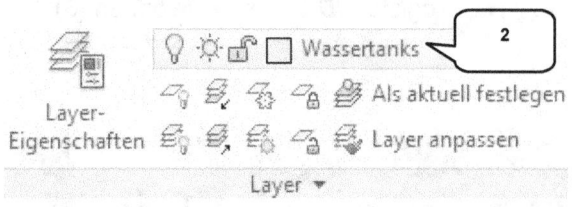

- Register **Start** öffnen (1)
- Layer **Wassertanks** aktivieren (2)
- Register **3D-Werkzeuge** öffnen (3)

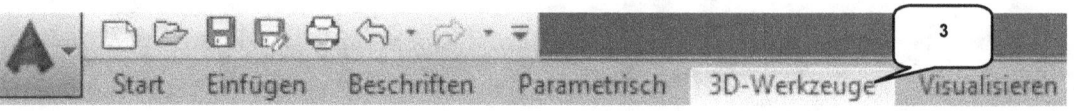

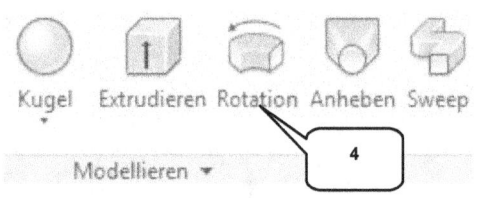

Verwenden Sie den Befehl **Rotation**, um die beiden Halbkreise in Volumenkörper zu konvertieren.

- **Rotation** (4)
- Halbkreis (5) wählen
- Punkt (6) wählen

- Punkt (7) wählen
- Wert für Rotationswinkel eingeben: [360]
- **Taste: ENTER**

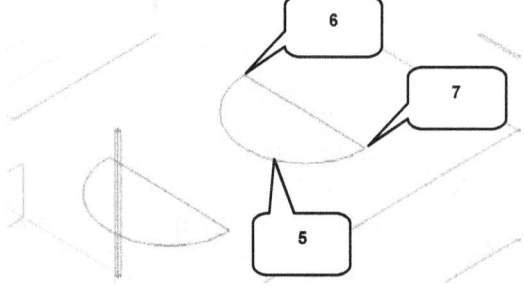
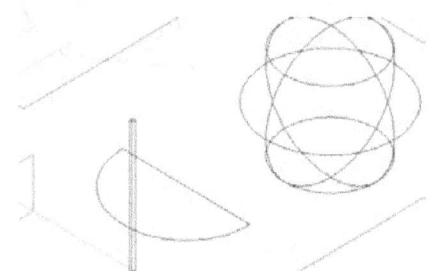

Wiederholen Sie den Befehl und konvertieren Sie auch den nebenstehenden Halbkreis in eine Kugel.

6.1.13 Erstellen von Polykörpern

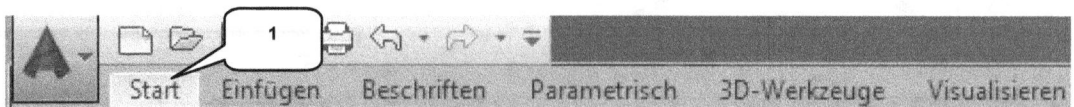

Öffnen Sie das Register **Start** und aktivieren Sie den Layer **Wände**. Wechseln Sie anschließend in das Register **3D-Werkzeuge**.

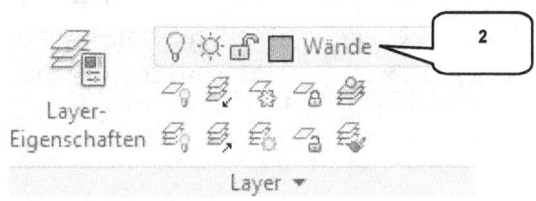

- Register **Start** öffnen (1)
- Layer **Wände** aktivieren (2)
- Register **3D-Werkzeuge** öffnen (3)

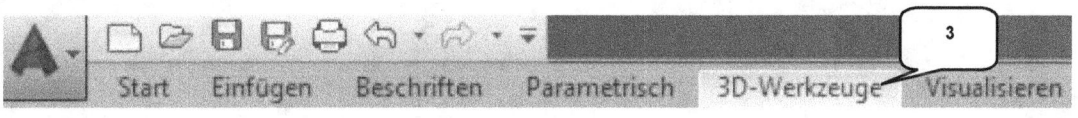

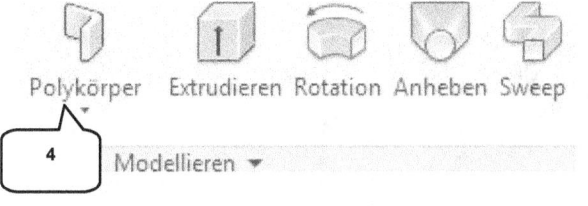

Verwenden Sie den Befehl **Polykörper**, um die äußere Hallenwand der Fabrik mit einer Breite von 100 mm und einer Höhe von 8000 mm darzustellen.

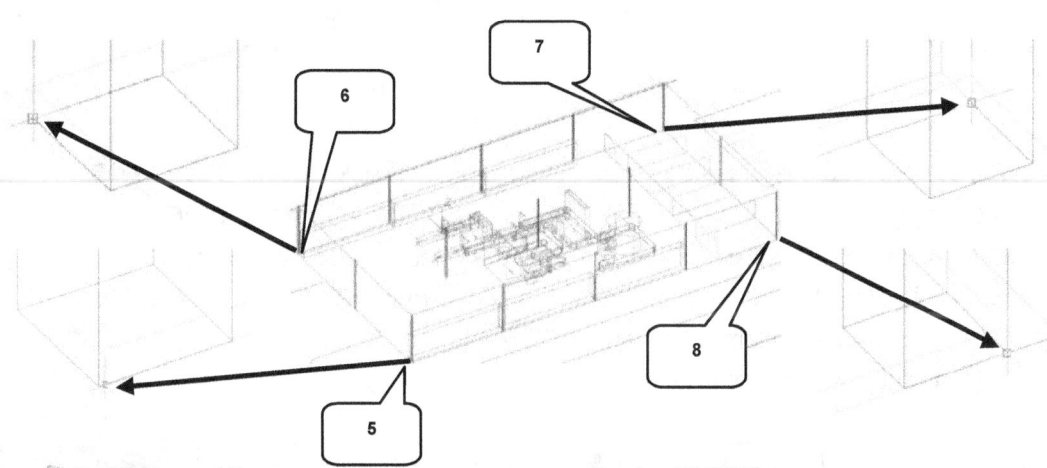

- **_Polykörper_** (4)
- Option: [Breite]
- Wert für Breite: [100]
- **Taste: ENTER**
- Option: [Ausrichten]
- Wert für Ausrichtung: [Rechts]
- Option: [Höhe]
- Wert für Höhe: [8000]

- **Taste: ENTER**
- Ersten Punkt (5) wählen
- Zweiten Punkt (6) wählen
- Dritten Punkt (7) wählen
- Vierten Punkt (8) wählen
- [S] (Polylinie schließen)
- **Taste: ENTER**

6.1.14 Bearbeiten des Polykörpers

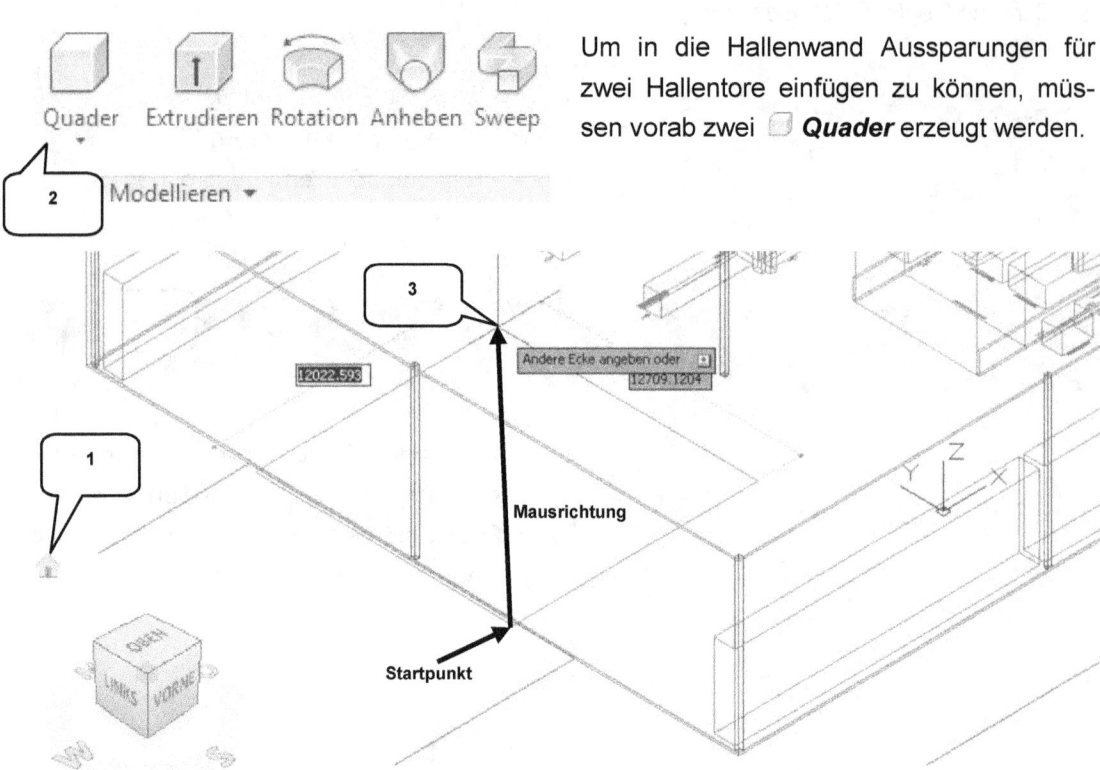

Um in die Hallenwand Aussparungen für zwei Hallentore einfügen zu können, müssen vorab zwei **Quader** erzeugt werden.

- **ViewCube: Haus** anklicken (1)
- **Quader** (2)
- Startpunkt: [-15300] > **Taste: TAB** > [5800] > **Taste: ENTER**
- Maus in etwa auf Position (3) ziehen (<u>nicht</u> mit linker Maustaste klicken)
- Endpunkt: [500] > **Taste: TAB**
- [3500] > **Taste: ENTER**
- Maus nach oben ziehen
- Höhe: [5000] > **Taste: ENTER**

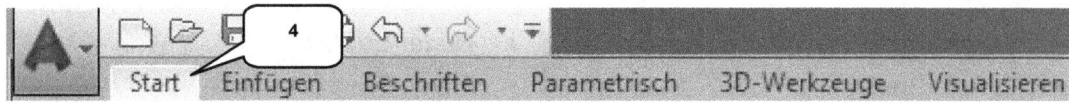

- Visualisierung der Produktionslinie -

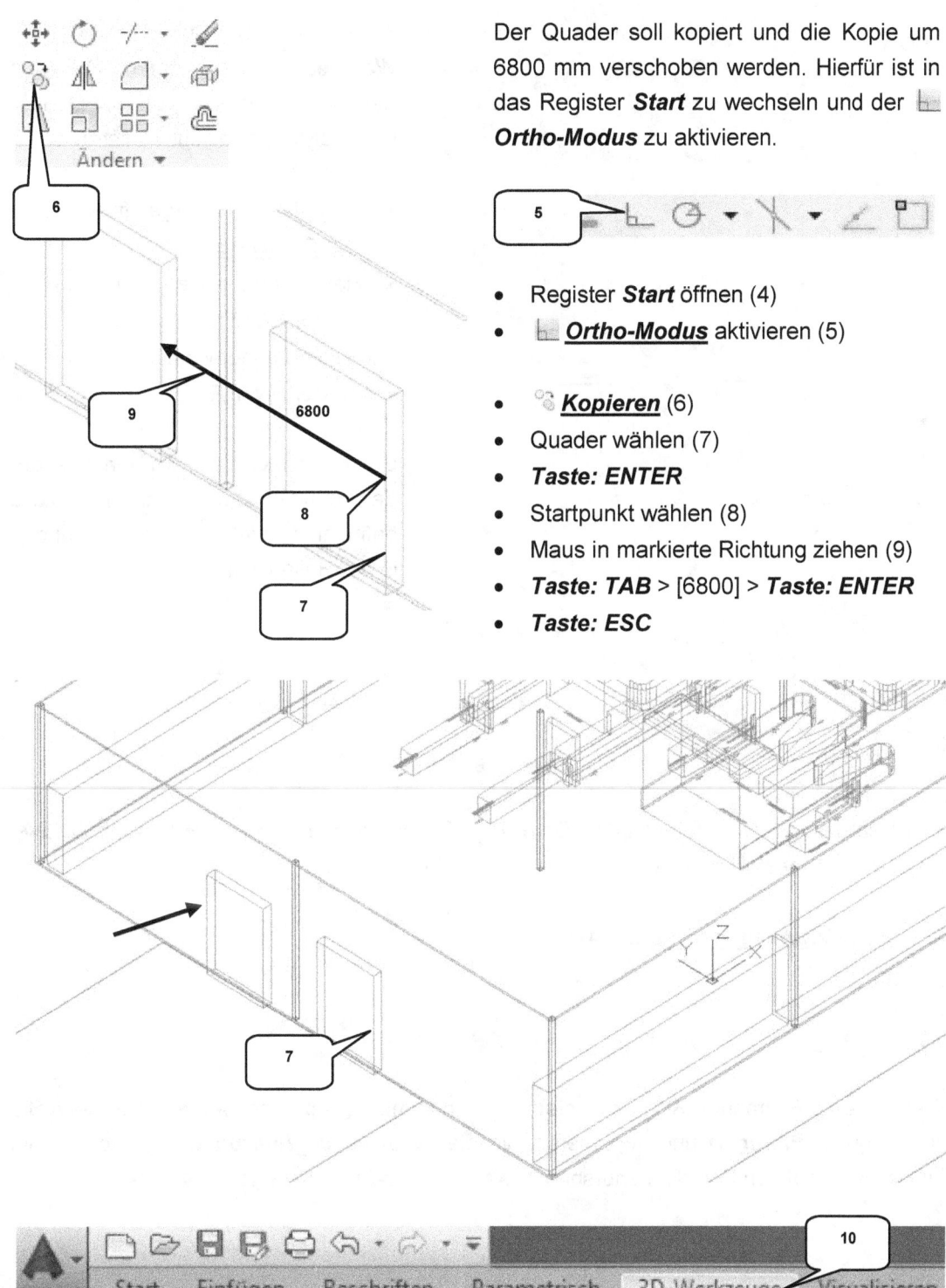

Der Quader soll kopiert und die Kopie um 6800 mm verschoben werden. Hierfür ist in das Register *Start* zu wechseln und der *Ortho-Modus* zu aktivieren.

- Register *Start* öffnen (4)
- *Ortho-Modus* aktivieren (5)

- *Kopieren* (6)
- Quader wählen (7)
- *Taste: ENTER*
- Startpunkt wählen (8)
- Maus in markierte Richtung ziehen (9)
- *Taste: TAB* > [6800] > *Taste: ENTER*
- *Taste: ESC*

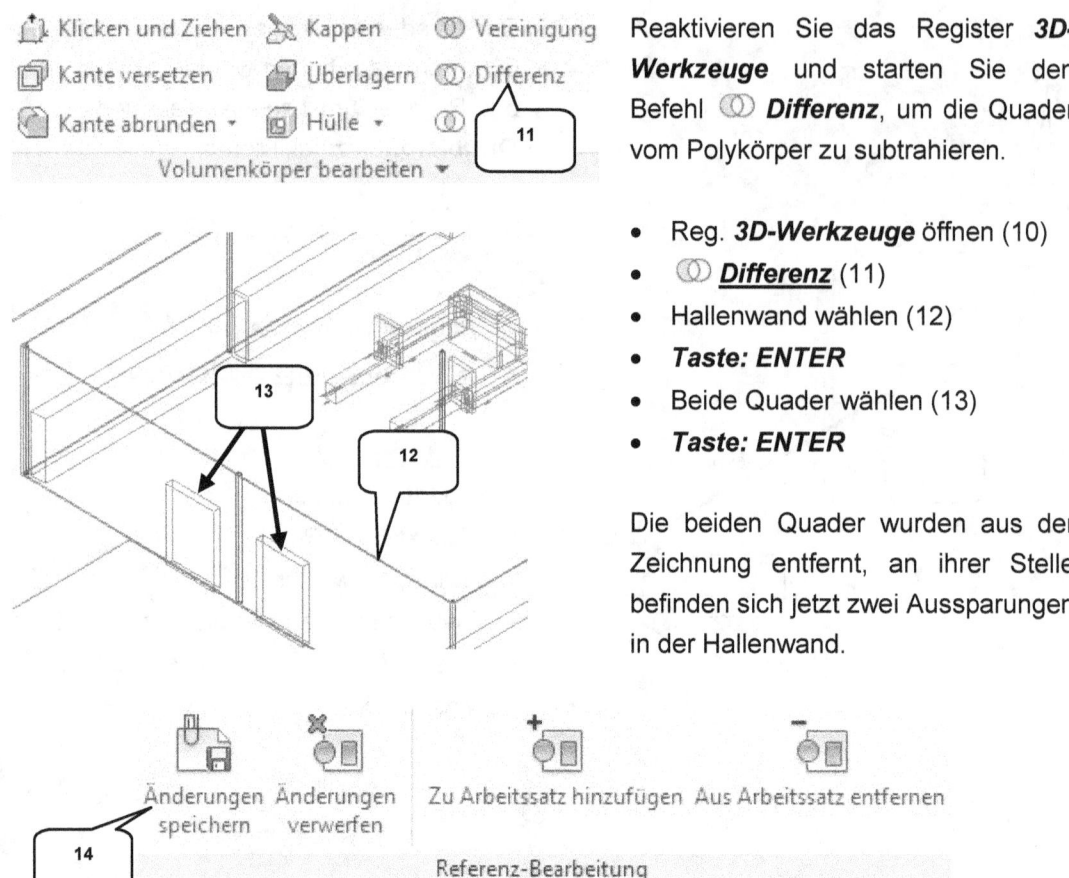

Reaktivieren Sie das Register *3D-Werkzeuge* und starten Sie den Befehl ⌾ *Differenz*, um die Quader vom Polykörper zu subtrahieren.

- Reg. *3D-Werkzeuge* öffnen (10)
- ⌾ *__Differenz__* (11)
- Hallenwand wählen (12)
- *Taste: ENTER*
- Beide Quader wählen (13)
- *Taste: ENTER*

Die beiden Quader wurden aus der Zeichnung entfernt, an ihrer Stelle befinden sich jetzt zwei Aussparungen in der Hallenwand.

Die Bearbeitung der referenzierten Datei *02_00_Fabrikhalle_mit_Außenbereich-3D.dwg* ist damit fertiggestellt und kann jetzt beendet werden.

- *__Änderungen speichern__* (14)
- OK

6.1.15 Importieren des Fuhrparks

Der gesamte Fuhrpark (LKW, Gabelstapler) kann komplett importiert werden. Wechseln Sie ins Register *Einfügen* und importieren Sie die Datei *03_00_Fuhrpark.dwg*. Achten Sie darauf, sich auf den Koordinatenursprung (X=0, Y=0, Z=0) zu beziehen.

- Visualisierung der Produktionslinie -

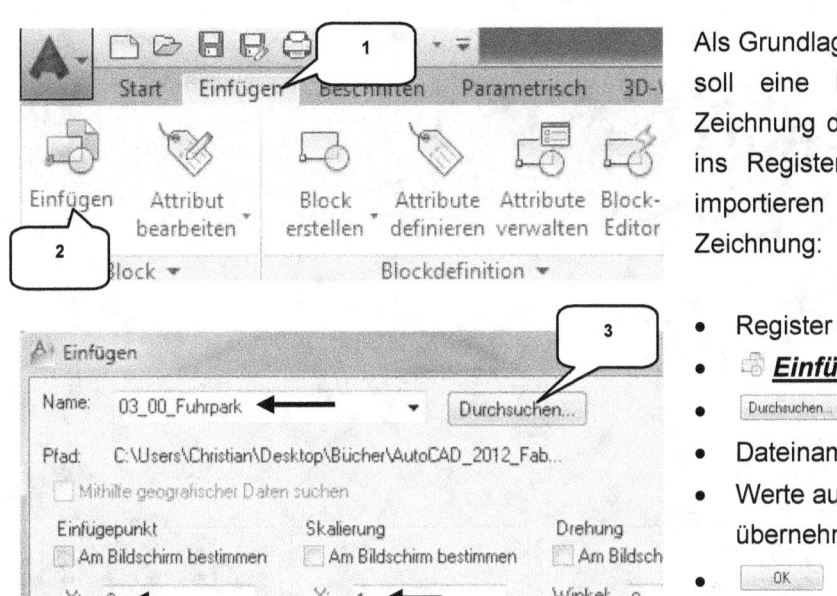

Als Grundlage für die 3D-Planung soll eine bereits vorgefertigte Zeichnung dienen. Wechseln Sie ins Register **Einfügen** (1) und importieren Sie die folgende Zeichnung:

- Register **Einfügen** öffnen (1)
- ***Einfügen*** (2)
- Durchsuchen... (3)
- Dateiname: [03_00_Fuhrpark]
- Werte aus linker Abbildung übernehmen
- OK

6.1.16 Rendern eines Bildes

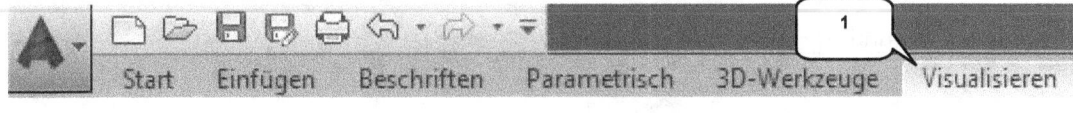

Wechseln Sie in das Register **Visualisieren** und starten Sie den Befehl 🫖 **Rendern**.

- Register **Visualisieren** öffnen (1)
- 🫖***Rendern*** (2)
- ***Datei*** (3)
- ***Speichern*** (4)
- Dateiname: [Bild_1]
- Dateityp: *.jpg
- Speichern

- Visualisierung der Produktionslinie -

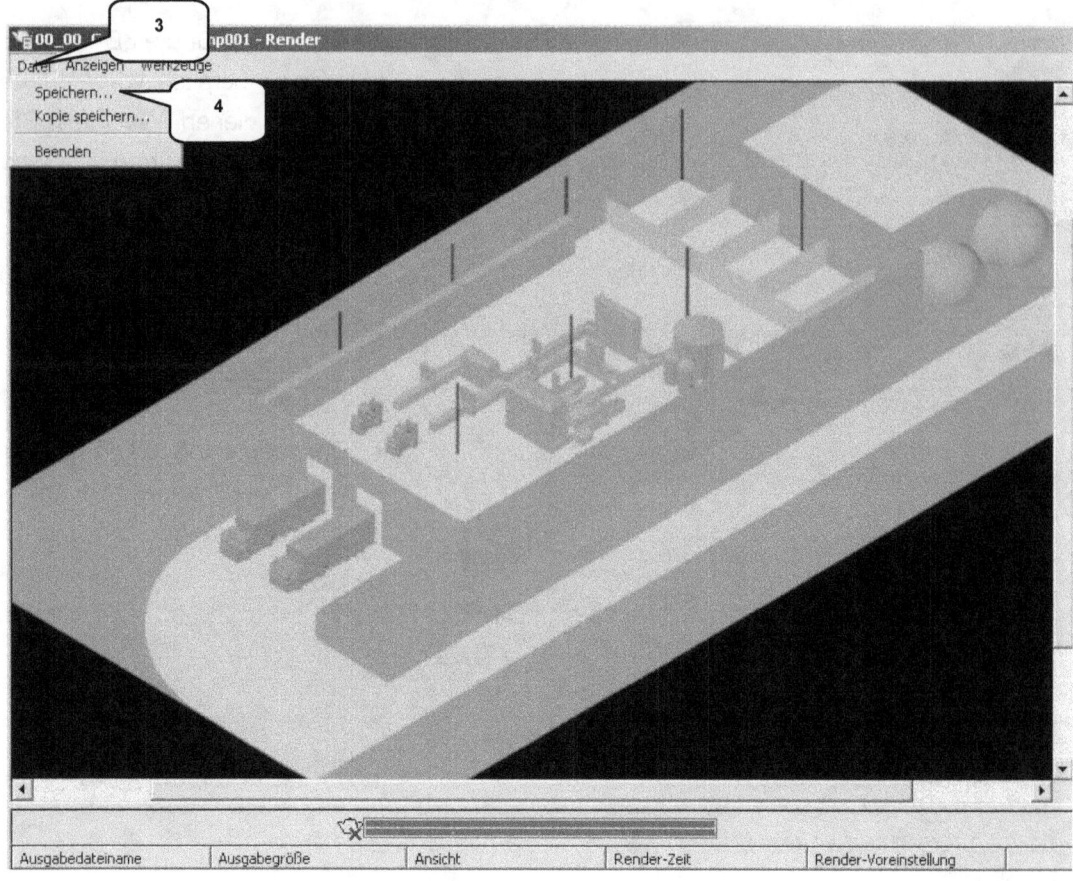

💾 *Speichern* und schließen Sie die Datei abschließend.

7 SCHLUSSWORT

Der Autor des Buches hofft, dass Sie bei der Arbeit mit dem Programm und dem Übungsprojekt viel Spaß hatten.

Der Inhalt des Buches wurde sorgfältig geprüft. Leider können Fehler nicht ausgeschlossen werden.

Wenn Ihnen während der Arbeit mit dem Buch Fehler auffallen sollten, oder wenn Sie Ideen zur Verbesserung des Inhaltes haben, ist Ihnen der Autor für jeden Hinweis per E-Mail dankbar.

Konstruktive Anmerkungen können jederzeit an *schlieder@cad-trainings.de* gesendet werden.

Vielen Dank.

INDEX

A

Aktivierung des Layers: Transportsysteme	42
Allgemeine Grundeinstellungen	76

B

Bearbeiten der parametrischen Maße mit dem Parameter-Manager	58
Bearbeiten des Polykörpers	101
Bearbeiten einer Referenz	97
Bearbeiten einer Referenz innerhalb der Gesamtzeichnung	73
Bearbeiten und Versetzen der Polylinie	44
Bearbeiten vorhandener 3D-Objekte	94
Befehlsgruppen	19
Bemaßen geometrischer Objekte	81
Benutzeroberfläche	18
Berechnung des Platzbedarfes vom Produktionsbereich	48
Bereinigen der Zeichnung	69
Beschriften der Arbeitsbereiche	80
Beschriften der Maschine	39
Betriebsmittel	9

D

Das Ansichtsfenster proportionieren	77
Das gesamte Fabrikgelände	71
Das Kastentransportsystem	43
DAS PROJEKT FÜR DEN DRUCK VORBEREITEN	76
Den Kastenrahmen zeichnen	24
Der Außenbereich	62
Der LKW-Anlieferbereich	62
Der neue Layer: 3D-Maschinen	89
Der neue Layer: Außenbereich	62
Der neue Layer: Beschriftung	79
Der neue Layer: Fabrikhalle	50

D

Der neue Layer: Flasche	22
Der neue Layer: Flaschenkasten	23
Der neue Layer: Kästen_von_Palette_heben	32
Der neue Layer: Palette	29
Der neue Layer: Regalsysteme	55
Der Seiteneinrichtungs-Manager	76
Die Flaschen zeichnen	22
Die Flaschenkästen zeichnen	23
Die Hallenpfeiler zeichnen und rechteckig anordnen	51
Die Hauptstraße	66
Die Innenwände zeichnen	25
Die Konstruktion der ersten Maschine	31
Die Maschinen der Produktionslinie importieren	40
Die Palette um 90 Grad drehen	34
Die Paletten zeichnen	28
Die PKW-Parkplätze	64
Die Produktionshalle	49
Die Produktionslinie	39
Die vorhandenen Kästen rechteckig anordnen	28
Die Wasserspeicher	69
Download der zum Buch gehörenden Übungsdateien	6

E

EINLEITUNG	5
Einen weiteren Block in die Zeichnung einfügen (Kasten_Voll)	36
Einen weiteren Block in die Zeichnung einfügen (Palette_Leer)	35
Einfügen der Produktionslinie als Referenz	71
Einfügen einer Tabelle	85
Einfügen eines Blocks in die Zeichnung (Palette_Voll)	33
Einteilung der Bereiche	9
Erstellen einer neuen Datei aus einer vorhandenen Vorlage	17
Erstellen von Polykörpern	99
Erzeugen einer neuen Zeichnung	31
Erzeugen einer neuen Zeichnung	39

E

Erzeugen einer neuen Zeichnung	49
Erzeugen einer neuen Zeichnung	71
Erzeugen einer neuen Zeichnung	88
Erzeugen Sie auf Ihrem PC einen Übungsordner	5
Erzeugen weiterer Flaschen	26
Extrudieren geschlossener 2D-Objekte	97

F

FABRIKPLANUNG IM 2D-MODELLBEREICH	21
FABRIKPLANUNG IM 3D-MODELLBEREICH	88
Flaschenheber mit Kastenheber verbinden	47

G

Gesamtbedarf für das Fabrikgelände	16
Glasflaschen	8
GRUNDLAGEN ZUM PROGRAMM	17

H

Hinzufügen von Führungslinien	83

I

Importieren des Fuhrparks	103
Importieren des Transportsystems und der Fabrikhalle	96
Importieren weiterer Referenzen	74

K

Kastenspeicher mit Flaschenheber verbinden	46
Kastenwaschmaschine mit Kastenspeicher verbinden	45
Kegelförmige Objekte	92
Kennzeichnen der Hallenpfeilerstrukturen	52

K

Konvertieren der Zeichnung in das Format PDF	87
Kopieren eines Blocks (Kasten_Voll)	37
Kugelförmige Objekte	93
Kunststoffkästen	8

L

Lagerbereiche	15
LKW- und PKW-Bereiche mit der Hauptstraße verbinden	67
Löschen der Kreise und des Layers	27

M

Markieren der Transportband-Laufrichtung	38
Maschinen und Anlagen der Produktionslinie	9
Menüleiste	18
Modell- und Papierbereich	19

O

Oberer Werkzeugkasten (Schnellzugriff-Werkzeugkasten)	18
Optimieren einiger Programmeinstellungen	21

P

Paletten	9
Platzieren der Basiszeichnung	88
Positionieren und Anordnen der Regale	59
Produktbetrachtung	7
Produktions- und Logistikbereiche abgrenzen	50
Protokoll- und Befehlseingabefenster	19

Q

Quadratische Objekte	89
Quellwasser	8

R

RANDBEDINGUNGEN DEFINIEREN	7
Randbedingungen des Planungsbeispiels	7
Rendern eines Bildes	104
Rotieren geschlossener 2D-Objekte	98

S

SCHLUSSWORT	106
Setzen geometrischer Formabhängigkeiten	56
Setzen parametrischer Bemaßungsabhängigkeiten	57
Sozialtrakt	16
Speichern der neuen Zeichnung	28
Startbildschirm	17

U

Übungsordner und Übungsdateien	5

V

Verschieben der Palette	33
Verschieben der Palette	35
Vervollständigen des Schriftfeldes	79
Verwendete Abkürzungen	6
Visualisierung der Produktionslinie	88

W

Wareneingang, Warenausgang und Sozialtrakt abgrenzen	51

Z

Zeichnen der Maschine	32
Zeichnen der Palettenkonturen	30
Zeichnen der Regale mit einer Polylinie	55
Zeichnen der Wände	53
Zielsetzung	5
Zylindrische Objekte	91

www.ingramcontent.com/pod-product-compliance
Lightning Source LLC
Chambersburg PA
CBHW082339220526
45470CB00008B/2571